高等学校计算机应用规划教材

U0290037

Premiere Pro CC 2017
视频编辑基础教程

陕华　朱琦　编著

清华大学出版社

北　京

内 容 简 介

本书作为 Premiere 的基础教程,详细地介绍了 Premiere Pro CC 2017 中文版在影视后期制作方面的主要功能和应用技巧。全书共 15 章,第 1 章~第 2 章介绍了视频编辑基础知识;第 3 章~第 14 章介绍了 Premiere 的软件知识,并配以大量实用的操作练习和实例,让读者在轻松的学习过程中快速掌握软件的使用技巧,同时达到对软件知识学以致用的目的;第 15 章主要讲解了 Premiere 在影视后期制作专业领域的综合案例。

本书内容丰富、结构合理、思路清晰、语言简洁流畅、实例丰富,适合作为相关院校广播电视类专业、影视艺术类专业和数字传媒类专业课程的教材,也适合作为影视后期制作初中级读者自学的参考书料。

本书的电子课件、习题答案和实例源文件可以到 http://www.tupwk.com.cn 网站下载。

图书在版编目(CIP)数据

Premiere Pro CC 2017 视频编辑基础教程 / 陕华,朱琦 编著. —北京:清华大学出版社,2017
(2024.8重印)
(高等学校计算机应用规划教材)
ISBN 978-7-302-46981-0

Ⅰ.①P⋯ Ⅱ.①陕⋯ ②朱⋯ Ⅲ.①视频编辑软件-高等学校-教材 Ⅳ.①TN94

中国版本图书馆 CIP 数据核字(2017)第 101489 号

责任编辑:胡辰浩 李维杰
装帧设计:孔祥峰
责任校对:曹 阳
责任印制:丛怀宇

出版发行:清华大学出版社
　　　　网　　　址:https://www.tup.com.cn,https://www.wqxuetang.com
　　　　地　　　址:北京清华大学学研大厦 A 座　　　邮　　编:100084
　　　　社 总 机:010-83470000　　　　　　　　邮　　购:010-62786544
　　　　投稿与读者服务:010-62776969,c-service@tup.tsinghua.edu.cn
　　　　质 量 反 馈:010-62772015,zhiliang@tup.tsinghua.edu.cn
　　　　课 件 下 载:https://www.tup.com.cn,010-62781730
装 订 者:天津鑫丰华印务有限公司
经　　销:全国新华书店
开　　本:185mm×260mm　　　印　张:20　　　字　数:462 千字
版　　次:2017 年 6 月第 1 版　　　印　次:2024 年 8 月第 8 次印刷
定　　价:68.00 元

产品编号:073234-03

前　　言

　　Premiere 是目前影视后期制作领域应用最广泛的影视编辑软件，因其强大的视频编辑处理功能而备受用户的青睐。

　　本书主要面向 Premiere Pro CC 2017 的初、中级读者，从影视编辑初、中级读者的角度出发，合理安排知识点，运用简洁流畅的语言，结合丰富实用的练习和实例，由浅入深地讲解 Premiere 在影视编辑领域中的应用，让读者可以在最短的时间内学习到最实用的知识，轻松掌握 Premiere 在影视后期制作专业领域中的应用方法和技巧。

　　本书共 15 章，可分为 7 部分，各部分具体内容如下：

- 第 1 部分(第 1 章~第 2 章)：主要讲解视频编辑基础知识，包括模拟视频和数字视频概念、视频与音频格式、线性编辑和非线性编辑、素材采集、视频编辑中的常见术语等。

- 第 2 部分(第 3 章~第 7 章)：主要讲解 Premiere 的项目和序列，包括新建项目、素材项目的管理、序列的创建与编辑、素材持续时间的修改、素材入点和出点的设置、时间轴面板和各种监视器面板的应用等。

- 第 3 部分(第 8 章~第 11 章)：主要讲解 Premiere 的视频效果和视频过渡相关知识，包括视频过渡的添加和设置、视频效果的添加和设置、动画效果的制作和画面叠加等。

- 第 4 部分(第 12 章)：主要讲解 Premiere 的字幕设计，包括创建字幕、设置文字属性、应用字幕样式、绘制与编辑图形等。

- 第 5 部分(第 13 章)：主要讲解音频编辑，包括音频基础知识、Premiere 音频处理基础、编辑和设置音频、应用音频特效和音轨混合器等内容。

- 第 6 部分(第 14 章)：主要讲解渲染与输出，包括 Premiere 的渲染方式、项目的渲染与生成、项目输出类型、媒体导出与设置等。

- 第 7 部分(第 15 章)：主要讲解 Premiere 在影视编辑中的综合案例。

本书内容丰富、结构清晰、图文并茂、通俗易懂，适合以下读者学习使用：

1) 从事影视后期制作的工作人员。

2) 对影视后期制作感兴趣的业余爱好者。

3) 电脑培训班里学习影视后期制作的学员。

4) 高等院校相关专业的学生。

　　本书分为 15 章，陕华编写了第 1 章~第 8 章，朱琦编写了第 9 章~第 15 章。另外，参加本书编写的人员还有刘丽华、刘晓景、郑保军、赵二伟、李玉兰、孙亚娜、崔书香、朱琳、侯振涛、刘美、武瑞明、曹喆、杨志敏、景嘉旭、王少坤、张天宇、张文威、李鹏军、王龙、李亚萍、吴海珠等。我们真切希望读者在阅读本书之后，不仅能开拓视野，还可以增长实践操作技能，并且学习和总结操作的经验和规律，达到灵活运用的水平。鉴于编者水平有限，书中纰漏和考虑不周之处在所难免，欢迎读者予以批评、指正。我们的邮箱是 huchenhao@263.net，电话是 010-62796045。

本书的电子课件、习题答案和实例源文件可以到 http://www.tupwk.com.cn 网站下载。

作　者
2017 年 3 月

目 录

第1章 视频编辑基础知识

影视编辑技术经过多年的发展，由最初的直接剪接胶片的形式发展到现在借助计算机进行数字化编辑的阶段，影视编辑从此进入了非线性编辑的数字化时代。在学习影视编辑技术之前，首先需要对视频编辑基础知识进行充分了解和认识。

本章将介绍视频编辑基础知识，包括线性编辑与非线性编辑、视频基本概念、数字视频基础、视频压缩方式、蒙太奇视频编辑艺术和素材采集等内容。

1.1 影视编辑的发展阶段

随着电影的产生和发展，视觉表现力的丰富、完善，以及电影细节的具体分工的产生，剪辑与合成作为重要的部分应运而生。到目前为止，影视编辑的发展共经历了物理剪辑方式、电子编辑方式、时码编辑方式和非线性编辑方式 4 个阶段。

1.1.1 物理剪辑方式

最初的电影剪辑是按导演和剪辑师的创作意图对胶片直接剪开，用胶水或胶带连接的方式。1956 年，安培公司发明了磁带录像机，可以利用电视观看编辑的节目，但节目的编辑形式仍沿用了电影的剪辑方式。这种编辑方式对磁带有损伤，节目磁带不能复用，编辑时也无法实时查看画面。

1.1.2 电子编辑方式

1961 年，随着录像技术和录像机功能不断完善，电视编辑进入了电子编辑时代，可以利用标准的对编系统，实现从素材到节目的转录。电子编辑避免了对磁带的损伤，在编辑过程中也可以查看编辑结果，及时修改。电子编辑的编辑精度不高，无法逐帧重放，带速不均匀造成的接点处会出现跳帧现象。

1.1.3 时码编辑方式

1967 年，美国电子工程公司研制出了 EECO 时码系统。1969 年，使用 SMPTE/EBU 时码对磁带位置进行标记的方法实现了标准化，使用基于时码设备的编辑技术和手段不断涌现，编辑精度和编辑效率有了大幅度的提高。但是电视编辑仍无法实现实时编辑点定位功能，磁带复制造成的信号损失也没有彻底解决。

1.1.4 非线性编辑方式

1970 年，美国造出了第一台非线性编辑系统，这种早期的模拟非线性编辑系统将图像信号以调频方式记录在磁盘上，可以随机确定编辑点。20 世纪 80 年代出现了纯数字非线性编辑系统，但当时压缩硬件还不成熟，磁盘存储容量也很小，因而视频信号并不是以压缩方式记录的，系统也仅限于制作简单的广告和片头。到了 20 世纪 90 年代以后，随着数字媒体技术和存储技术的发展、实时压缩芯片的出现、压缩标准的建立以及相关软件技术的发展，使得非线性编辑系统进入了快速发展时期。

1.2 线性编辑概述

线性编辑是一种传统的视频编辑手段，下面将介绍线性编辑的相关知识。

1.2.1 线性编辑的概念

线性编辑是指在定片显示器上进行编辑的一种传统方式，源定片从一端进来作标记、剪切和分割，然后从另一端出来。线性编辑是一种需要按照时间顺序从头至尾进行编辑的节目制作方式，它所依托的是以一维时间轴为基础的线性记录载体，如磁带编辑系统。

线性编辑又称作在线编辑，传统的电视编辑就属于此类编辑，是一种直接用母带进行剪辑的方式。如果要在编辑好的录像带上插入或删除视频片段，那么在插入点或删除点以后的所有视频片段都要重新移动一次，在操作上很不方便。

1.2.2 线性编辑的特点

线性编辑的主要特点是录像带必须按照它代表的顺序编辑。因此，线性编辑只能按照视频的先后播放顺序进行编辑工作，比如早期的为录制 DV 和电影添加字幕以及对其进行剪辑的工作，使用的就是这种技术。

1.2.3 线性编辑的缺点

虽然与胶片磁带的物理剪接相比，线性编辑有许多优点。但是，随着视频编辑技术的不断发展，线性编辑也存在着许多不足的地方。

1. 不能随机存取素材

线性编辑系统以磁带为记录载体，节目信号按照时间线进行排列，在寻找素材时，录像机需要进行卷带搜索，只能在一维时间轴上按照镜头顺序一段一段地搜索，不能跳跃进行。因此，在寻找素材时很费时间，影响了编辑效率。

2. 节目内容修改难度大

由于线性编辑以磁带线性记录为基础，一般只能按照编辑顺序记录，这样对节目的修改非常不方便,任何一部电视节目从样片到定稿往往要经过多次编辑。

3. 信号复制质量受损严重

线性编辑方式是将源素材的信号复制到另一盘磁带上的过程。由于线性编辑系统中的信号主要是模拟视频,当进行编辑及多代复制时,特别是在一个复杂系统中工作时,信号在传输和编辑过程中容易受到外部干扰,造成信号损失,使图像劣化更明显。在前一版的基础上,每编辑一版都会引起图像质量下降。

4. 录像机磨损严重,磁带容易损伤

使用线性编辑方式编辑一部几十分钟的影片,要选择几百个甚至上千个镜头,录像机来回搜索、反复编辑,使录像机的机械系统磨损严重,磁带容易损伤。录像机操作强度大,使用寿命减短,且维修费用昂贵。

1.3 非线性编辑概述

非线性编辑(简称非编)系统是计算机技术和电视数字化技术的结晶。它使电视制作的设备由分散到简约,制作速度和画面效果均有很大提高。由于非编系统特别适合蒙太奇影视编辑的手法和意识流的思维方式,它赋予了电视编导和制作人员极大的创作自由度。

1.3.1 非线性编辑的概念

非线性编辑(DNLE,Digital Non-Linear Editing)是一种组合和编辑多个视频素材的方式。它使用户在编辑过程中,能够在任意时刻随机访问所有素材。

非线性编辑技术融入了计算机和多媒体这两个先进领域的前端技术,集录像、编辑、特技、动画、字幕、同步、切换、调音、播出等多种功能于一体,改变了人们剪辑素材的传统观念,克服了传统编辑设备的缺点,提高了视频编辑的效率。

从狭义上讲,非线性编辑是指剪切、复制和粘贴素材时无须在存储介质上重新安排它们;而传统的录像带编辑、素材存放都是有次序的。从广义上讲,非线性编辑是指在用计算机编辑视频的同时,还能实现诸多的处理效果,例如特技等。

非线性编辑系统是指把输入的各种音视频信号进行 A/D(模/数)转换,采用数字压缩技术将其存入计算机硬盘。非线性编辑没有采用磁带,而是使用硬盘作为存储介质,记录数字化的音视频信号,由于硬盘可以满足在 1/25 秒(PAL)内完成任意一幅画面的随机读取和存储,因此可以实现音视频编辑的非线性。

1.3.2 非线性编辑系统

非线性编辑的实现,要靠软件与硬件的支持,这就构成了非线性编辑系统。非线性编辑系统从硬件上看,可由计算机、视频卡或 IEEE 1394 卡、声卡、高速 AV 硬盘、专用板

卡以及外围设备构成。为了直接处理来自数字录像机的信号，有的非线性编辑系统还带有 SDI 标准的数字接口，以充分保证数字视频的输入/输出质量。其中视频卡用来采集和输出模拟视频，也就是承担 A/D 和 D/A 的实时转换。从软件上看，非线性编辑系统主要由非线性编辑软件以及二维动画软件、三维动画软件、图像处理软件和音频处理软件等外围软件构成。随着计算机硬件性能的提高，视频编辑处理对专用器件的依赖越来越小，软件的作用则更加突出。因此，掌握像 Premiere 之类的非线性编辑软件，就成了非线性编辑的关键。

非线性编辑系统的出现与发展，一方面使影视制作的技术含量在增加，越来越专业化；另一方面，也使影视制作更为简便，越来越大众化。一台家用电脑加装 IEEE 1394 卡，再配合 Premiere 就可以构成一个非线性编辑系统。

1.3.3　非线性编辑的特点

相对于线性编辑的制作途径，非线性编辑是在电脑中利用数字信息进行的视频\音频编辑，只需要使用鼠标和键盘就可以完成视频编辑的操作。非线性编辑的特点体现在以下几点：

1. 浏览素材

在查看存储在磁盘上的素材时，非线性编辑系统具有极大的灵活性。可以用正常速度播放，也可以快速重放、慢放和单帧播放，播放速度可无级调节，也可以反向播放。

2. 帧定位

在确定帧时，非线性编辑系统的最大优点是可以实时定位，既可以手动操作进行粗略定位，也可以使用时间码精确定位到编辑点。

3. 调整素材长度

在调整素材长度时，非线性编辑系统通过时间码编辑实现精确到帧的编辑，同时吸取了影片剪接简便直观的优点，可以参考编辑点前后的画面进行直接手工剪辑。

4. 组接素材

非线性编辑系统中各段素材的相互位置可以随意调整。编辑过程中，可以在任何时候删除节目中的一个或多个镜头，或向节目中的任一位置插入一段素材，也可以实现磁带编辑中常用的插入和组合编辑。

5. 素材联机和脱机

大多数非线性编辑系统采用联机编辑方式工作，这种编辑方式可充分发挥非线性编辑的特点，提高编辑效率，但同时也受到素材硬盘存储容量的限制。如果使用的非线性编辑系统支持时间码信号采集和 EDT(Editorial Determination Table，编辑决策表)输出，则可以采用脱机方式处理素材量较大的节目。

6. 复制素材

非线性编辑系统中使用的素材全都以数字格式存储，因此在复制一段素材时，不会像磁带复制那样引起画面质量的下降。

7. 视频软切换

在剪辑多机拍摄的素材或同一场景多次拍摄的素材时，可以在非线性编辑系统中采用软切换的方法模拟切换台的功能。首先保证多轨视频精确同步，然后选择其中的一路画面输出，切换点可根据节目要求任意设定。

8. 视频特效

在非线性编辑系统中制作特效时，一般可以在调整特效参数的同时观察特效对画面的影响，尤其是软件特效，还可以根据需要扩充和升级，只需拷入相应的软件升级模块就能增加新的特效功能。

9. 字幕制作

字幕与视频画面的合成方式有软件和硬件两种。软件字幕实际上使用了特技抠像的方法进行处理，生成的时间较长，一般不适合制作字幕较多的节目。

10. 音频编辑

大多数基于 PC 的非线性编辑系统能直接从 CD 唱盘、MIDI 文件中录制波形声音文件，波形声音文件可以非常直接地在屏幕上显示音量的变化，使用编辑软件进行多轨声音的合成时，一般也不受总的音轨数量的限制。

11. 动画制作与画面合成

由于非线性编辑系统的出现，动画的逐帧录制设备已基本被淘汰。非线性编辑系统除了可以实时录制动画以外，还能通过抠像实现动画与实拍画面的合成，极大地丰富了节目制作的手段。

1.3.4　非线性编辑的优势

从非线性编辑系统的作用来看，它集录像机、切换台、数字特技机、编辑机、多轨录音机、调音台、MIDI 创作等设备于一身，几乎包括了所有的传统后期制作设备。这种高度的集成性，使得非线性编辑系统的优势更为明显。因此它能在广播电视界占据越来越重要的地位。总的来说，非线性编辑系统具有信号质量高、制作水平高、节约投资、保护投资、网络化等方面的优越性。

1. 信号质量高

使用传统的录像带编辑节目，素材磁带要磨损多次，而机械磨损也是不可弥补的。另外，为了制作特技效果，还必须"翻版"，每"翻版"一次，就会造成一次信号损失。而在非线性编辑系统中，这些缺陷是不存在的，无论如何处理或编辑。信号被复制多次后，质量将是始终如一的。因此，非线性编辑系统能保证得到相当于模拟视频第二版质量的节目带，而使用线性编辑系统，绝不可能有这么高的信号质量。

2. 制作水平高

使用传统的线性编辑方法，为制作一个十来分钟的节目，往往要面对长达四五十分钟的素材带，反复进行审阅比较，然后将所选择的镜头编辑组接，并进行必要的转场、特技处理。这其中包含大量的机械重复劳动。而在非线性编辑系统中，大量的素材都存储在硬盘上，可以随时调用，不必费时费力地逐帧寻找。素材的搜索极其容易，不用像传统的编辑机那样来回倒带，只需要用鼠标拖动一个滑块，能在瞬间找到需要的那一帧画面，搜索某段、某帧素材易如反掌。整个编辑过程就像文字处理一样，既灵活又方便。

3. 设备寿命长

非线性编辑系统对传统设备的高度集成，使后期制作所需的设备降至最少，有效地节约了投资。而且由于是非线性编辑，用户只需要一台录像机，在整个编辑过程中，录像机只需要启动两次，一次输入素材，另一次录制节目带。这样就避免了磁鼓的大量磨损，使得录像机的寿命大大延长。

4. 便于升级

影视制作水平的提高，总是对设备不断地提出新的要求，这一矛盾在传统编辑系统中很难解决，因为这需要不断投资。而使用非线性编辑系统，则能较好地解决这一矛盾。非线性编辑系统所采用的，是易于升级的开放式结构，支持许多第三方的硬件、软件。通常，功能的增加只需要通过软件的升级就能实现。

5. 网络化创作

网络化是计算机的一大发展趋势，非线性编辑系统可充分利用网络方便地传输数码视频，实现资源共享，还可利用网络上的计算机协同创作，对于数码视频资源的管理、查询，更是易如反掌。在一些电视台中，非线性编辑系统都在利用网络发挥着更大的作用。

6. 非编不足及对策

因非线性编辑系统的操作与传统不同，显得比较专业化；受硬盘容量限制，记录内容有限；实时制作受到技术制约，特技等内容不能太复杂；图像信号压缩有损失，以及必须预先把素材装入非线性编辑系统。

1.3.5 非线性编辑的流程

任何非线性编辑的工作流程，都可以简单地看成输入、编辑、输出 3 个步骤。

1. 素材的采集与输入

采集就是利用视频编辑软件，将模拟视频、音频信号转换成数字信号并存储到计算机中，或者将外部的数字视频存储到计算机中，成为可以处理的素材。输入主要是将其他软件处理过的图像、声音等，导入到正在使用的视频编辑软件中。

2. 素材的编辑

素材的编辑就是设置素材的入点与出点，以选择最合适的部分，然后按时间顺序组接不同素材的过程。另外，还可以进行特技处理和字幕制作等操作。

- 特技处理：对于视频素材，特技处理包括转场、特效、合成叠加。对于音频素材，特技处理包括转场、特效。令人震撼的画面效果，就是在这一过程中产生的。而非线性编辑软件功能的强弱，往往也体现在这方面。
- 字幕制作：字幕是节目中非常重要的部分，它包括文字和图形两个方面。

3. 输出和生成

节目编辑完成后，就可以输出到录像带上；也可以生成视频文件，发布到网上、刻录 VCD 和 DVD 等。

1.4　视频的基本概念

目前，视频可以分为模拟视频和数字视频两类。在进行视频编辑的学习前，首先需要了解一下视频的基本概念。

1.4.1　帧

电视、电影中的影片虽然都是动画影像，但这些影片其实都是通过一系列连续的静态图像组成的，在单位时间内的这些静态图像就称为帧。由于人眼对运动物体具有视觉残像的生理特点，因此当某段时间内一组动作连续的静态图像依次快速显示时，就会被"感觉"是一段连贯的动画了。

1.4.2　帧速率

电视或显示器上每秒钟扫描的帧数即帧速率。帧速率的大小决定了视频播放的平滑程度。帧速率越高，动画效果越平滑，反之就会有阻塞。在视频编辑中也常常利用这样的特点，通过改变一段视频的帧速率，来实现快动作与慢动作的表现效果。

标准 DV NTSC(北美和日本标准)视频的帧速率是每秒 29.97 帧；欧洲的标准帧速率是每秒 25 帧。欧洲使用逐行倒相(Phase Alternate Line，PAL)系统。电影的标准帧速率是每秒 24 帧。新高清视频摄像机也可以每秒 24 帧(准确地说是 23.976 帧)录制。

在 Premiere 中帧速率是非常重要的，它能帮助测定项目中动作的平滑度。通常，项目的帧速率与视频影片的帧速率相匹配。例如，如果使用 DV 设备将视频直接采集到 Premiere 中，那么采集速率会被设置为每秒 29.97 帧，以匹配为 Premiere 的 DV 项目设置的帧速率。

1.4.3　像素

像素是图像编辑中的基本单位。像素是一个个有色方块，图像由许多像素以行和列的方式排列而成。文件包含的像素越多，其所含的信息也越多，所以文件越大，图像品质也就越好。

1.4.4　场

视频素材分为交错式和非交错式。交错视频的每一帧由两个场(Field)构成，称为场 1 和场 2，也称为奇场(Odd Field)和偶场(Even Field)，在 Premiere 中称为上场(Upper Field)和下场(Lower Field)，这些场依顺序显示在 NTSC 或 PAL 制式的监视器上，产生高质量的平滑图像。

1.4.5　视频制式

大家平时看到的电视节目都是经过视频处理后进行播放的。由于世界上各个国家对电视视频制定的标准不同，其制式也有一定的区别。各种制式的区别主要表现在帧速率、分辨率、信号带宽等方面，而现行的彩色电视制式有 NTSC、PAL 和 SECAM 三种。

- NTSC(National Television System Committee)：这种制式主要在美国、加拿大等大部分西半球国家以及日本、韩国等地被采用。
- PAL(Phase Alternation Line)：这种制式主要在中国、英国、澳大利亚、新西兰等地被采用。根据其中的细节可以进一步划分成 G、I、D 等制式，我们国家采用的是 PAL-D。
- SECAM：这种制式主要在法国、东欧、中东等地被采用。这是按顺序传送与存储彩色信号的制式。

NTSC、PAL 和 SECAM 三种制式的区别如表 1-1 所示。

表 1-1　NTSC、PAL 和 SECAM 的区别

电视制式	NTSC 制式	PAL 制式	SECAM 制式
帧频	30 帧/秒	25 帧/秒	25 帧/秒
行频	525 行/秒	625 行/秒	625 行/秒
亮度带宽	4.2 MHz	6.0 MHz	6.0 MHz
色度带宽	1.4(U), 0.6(V)	1.4(U), 0.6(V)	>1.0(U)，>1.0(V)
声音载波	4.5 MHz	6.5 MHz	6.5 MHz

1.4.6　视频画幅大小

数字视频作品的画幅大小决定了 Premiere 项目的宽度和高度。在 Premiere 中，画幅大

小是以像素为单位进行计算的。像素是计算机监视器上能显示的最小图片元素。如果正在工作的项目使用的是 DV 影片,那么通常使用 DV 标准画幅大小 720 像素×480 像素,HDV 视频摄像机可以录制 1280 像素×720 像素和 1400 像素×1080 像素大小的画幅。更昂贵的高清(HD)设备能以 1920 像素×1080 像素进行拍摄。

在 Premiere 中,也可以在画幅大小不同于原始视频画幅大小的项目中进行工作。例如,使用用于 iPod 或手机视频的设置创建项目,对 DV 影片(720 像素×480 像素)进行编辑,此项目的编辑画幅大小将是 640 像素×480 像素,而且它将会以 240 像素×480 像素的 QVGA(四分之一视频图形阵列)画幅大小进行输出。

1.4.7 像素纵横比

在 DV 出现之前,多数台式机视频系统中使用的标准画幅大小是 640 像素×480 像素。计算机图像是由正方形像素组成的,因此 640 像素×480 像素和 320 像素×240 像素(用于多媒体)的画幅大小非常符合电视的纵横比(宽度比高度),即 4:3(每 4 个正方形横向像素,对应有 3 个正方形纵向像素)。

但是,在使用 720 像素×480 像素或 720 像素×486 像素的 DV 画幅大小进行工作时,图像不是很清晰。这是由于:如果创建的是 720 像素×480 像素的画幅大小,那么纵横比就是 3:2,而不是 4:3 的电视标准。因此就需要使用矩形像素(比宽度更高的非正方形像素)将 720 像素×480 像素压缩为 4:3 的纵横比。

在 Premiere 中创建 DV 项目时,可以看到 DV 像素纵横比被设置为 0.9 而不是 1。此外,如果在 Premiere 中导入画幅大小为 720 像素×480 像素的影片,那么像素纵横比将自动被设置为 0.9。

1.5 数字视频基础

在 Premiere 中编辑的视频属于数字视频,下面就来了解一下数字视频的相关知识。

1.5.1 认识数字视频

对于消费者而言,数字视频也许仅意味着使用佳能、JVC、松下或索尼的最新摄像机拍摄的视频。数字视频摄像机拍摄的图片信息是以数字信号存储的,摄像机将图片数据转换为数字信号并保存在录像带中,与计算机将数据保存在硬盘上的方式相同。

在 Premiere 中,数字视频项目通常包含视频、静帧图像和音频,它们都已经数字化或者已经从模拟格式转换为数字格式。来自数码摄像机的以数字格式存储的视频和音频信息可以通过 IEEE 1394 端口直接传输到计算机中。因为数据已经数字化,所以 IEEE 1394 端口可以提供非常快的数据传输方式。

若要使用模拟摄像机拍摄的或者在模拟视频磁带上录制的视频影片,则首先需要将影片数字化。使用安装在 PC 上的"模拟-数字"采集卡可以处理这一过程。这些采集卡可以

数字化视音频。专业的视频、广播和后期制作设备也可以使用串行数字传输接口(SDTI 或
SDI)传送已压缩或无压缩的数据。

　　视觉媒体，如照片和幻灯片，也需要在 Premiere 使用之前先转换为数字格式。扫描仪
可以数字化幻灯片和静态照片，但使用数码相机拍摄幻灯片和照片也可以数字化。一旦将
这些图像数字化并保存到计算机硬盘后，就可以直接将其载入 Premiere。调整好项目之后，
数字视频制作过程的最后一步是将它输出到硬盘、DVD 或录像带中。

　　注意：

　　DV(也称作 DV25)指的是在消费者摄像机中使用的一种特定的数字视频格式。DV 使
用了特定的画幅大小和帧速率。

1.5.2　数字视频的优势

　　相对于传统的模拟视频而言，数字视频拥有众多优势。在数字视频中，可以自由地复
制视音频而不会损失品质。然而，对于模拟视频来说，每次在录像带中将一段素材复制传
送一次，都会损失一些品质。

　　数字视频的主要优势是：使用数字视频可以以非线性方式编辑视频。传统的视频编辑
需要编辑者从开始到结束逐段地以线性方式组装录像带作品。在线性编辑时，每段视频素
材都录制在节目卷轴上的前一段素材之后。线性系统的一个问题是，重新编辑某个片段或
者插入某个片段所花费的时间并不等于要替换的原始片段的持续时间。如果需要在作品的
中间位置重新编辑一段素材，那么整个节目都需要重新编排。整个过程都要注意将一切保
持为原来的顺序，这无疑大大地增加了工作的复杂度。

1.5.3　数字视频量化

　　模拟波形在时间和幅度上都是连续的。数字视频为了把模拟波形转换成数字信号，必
须把这两个量纲转换成不连续的值。将幅度表示成一个整数值，而将时间表示成一系列按
时间轴等步长的整数距离值。把时间转换成离散值的过程称为采样，而把幅度转换成离散
值的过程称为量化。

1.5.4　数字视频的记录方式

　　视频记录方式一般有两种：一种是以数字(Digital)信号的方式记录，另一种是以模拟
(Analog)信号的方式记录。

　　数字信号以 0 和 1 记录数据内容，常用于一些新型的视频设备，如 DC、Digits、Beta Cam
和 DV-Cam 等。数字信号可以通过有线和无线的方式传播，传输质量不会随着传输距离的
变化而变化，但必须使用特殊的传输设置，在传输过程中不受外部因素的影响。

　　模拟信号以连续的波形记录数据，用于传统影音设备，如电视、摄像机、VHS、S-VHS、
V8、Hi8 摄像机等，模拟信号也可以通过有线和无线的方式传播，传输质量随着传输距离
的增加而衰减。

1.5.5 隔行扫描与逐行扫描

在早期电视播放技术中，视频工程师发明了这样一种制作图像的扫描技术，即对视频显示器内部的荧光屏每次发射一行电子束。为防止扫描到达底部之前顶部的行消失，工程师们将视频帧分成两组扫描行：偶数行和奇数行。每次扫描(称作视频场)都会向屏幕下前进 1/60 秒。在第一次扫描时，视频屏幕的奇数行从右向左绘制(第 1、第 3、第 5 行，等等)。第二次扫描偶数行。因为扫描得太快，所以肉眼看不到闪烁。此过程即称作隔行扫描。因为每个视频场都显示 1/60 秒，所以一个视频帧会每 1/30 秒出现一次；因此，视频的帧速率是每秒 30 帧。视频录制设备就是这样设计的，即以 1/60 秒的速率创建隔行扫描域。

许多更新的摄像机能一次渲染整个视频帧，因此无须隔行扫描。每个视频帧都是逐行绘制的，从第 1 行到第 2 行，再到第 3 行，依此类推。此过程即称作逐行扫描。某些使用逐行扫描技术进行录制的摄像机能以每秒 24 帧的速度录制,并且能生成比隔行扫描品质更高的图像。Premiere 提供了用于逐行扫描设备的预设，在 Premiere 中编辑逐行扫描视频后，制片人就可以导出到类似 Adobe Encore DVD 之类的程序中，在其中可以创建逐行扫描 DVD。

1.5.6 时间码

在视频编辑中，通常用时间码来识别和记录视频数据流中的每一帧，从一段视频的起始帧到终止帧，其间的每一帧都有一个唯一的时间码地址。根据动画和电视工程师协会 SMPTE(Society of Motion Picture and Television Engineers)使用的时间码标准，其格式是：小时:分钟:秒:帧或 hours:minutes:seconds:frames。一段长度为00:02:31:15的视频片段的播放时间为2分钟31秒15帧，如果以每秒30帧的速率播放，则播放时间为2分钟31.5秒。

由于技术的原因，NTSC 制式实际使用的帧速率是 29.97fps 而不是 30fps，因此在时间码与实际播放时间之间有 0.1%的误差。为了解决这个误差问题，设计出丢帧(drop-frame)格式，即在播放时每分钟要丢两帧(实际上是有两帧不显示而不是从文件中删除)，这样可以保证时间码与实际播放时间一致。与丢帧格式对应的是不丢帧(non-drop-frame)格式，它忽略时间码与实际播放帧之间的误差。

1.6 视频压缩方式

由胶片制作的模拟视频、模拟摄像机捕捉的视频信号都可以称为模拟视频；而数字视频的出现带来了巨大的革命，在成本、制作流程、应用范围等方面都大大超越了模拟视频。但是数字视频和模拟视频又息息相关,很多数字视频都是通过模拟信号数字化后而得到的。

模拟视频被数字化后，具有相当大的数据量，为了节省空间和方便管理，需要使用特定的方法对其进行压缩。根据视频压缩方式的不同，主要可以将其分为如下 3 种类型。

1.6.1 有损和无损压缩

在视频压缩中,有损(Loss)和无损(Lossless)的概念与对静态图像的压缩处理基本类似。无损压缩也即压缩前和解压缩后的数据完全一致。多数的无损压缩都采用 RLE 行程编码算法。有损压缩意味着解压缩后的数据与压缩前的数据不一致;要得到体积更小的文件,就必须通过对其进行损耗来得到。

在压缩的过程中要丢失一些人眼和人耳所不敏感的图像或音频信息,而且丢失的信息不可恢复。几乎所有高压缩的算法都采用有损压缩,这样才能达到低数据量的目标。丢失的数据量与压缩比有关,压缩比越小,丢失的数据越多,解压缩后的效果一般越差。此外,某些有损压缩算法采用多次重复压缩的方式,这样还会引起额外的数据丢失。

1.6.2 帧内和帧间压缩

帧内(intra-frame)压缩也称为空间压缩(spatial compression)。当压缩一帧图像时,仅考虑本帧的数据而不考虑相邻帧之间的冗余信息,这实际上与静态图像压缩类似。

帧内一般采用有损压缩算法,由于帧内压缩时各个帧之间没有相互关系,因此压缩后的视频数据仍可以帧为单位进行编辑。帧内压缩一般达不到很高的压缩。帧内(intra-frame)压缩基于许多视频或动画的连续前后两帧具有很大的相关性,或者说前后两帧信息变化很小的特点。也即连续的视频其相邻帧之间具有冗余信息,根据这一特性,压缩相邻帧之间的冗余量就可以进一步提高压缩量,减小压缩比。

帧间压缩也称为时间压缩(temporal compression),它通过比较时间轴上不同帧之间的数据进行压缩,对帧图像的影响非常小,所以帧间压缩一般是无损的。帧差值(frame differencing)算法是一种典型的时间压缩法,它通过比较本帧与相邻帧之间的差异,仅记录本帧与其相邻帧的差值,这样可以大大减少数据量。

1.6.3 对称和不对称压缩

对称性(symmetric)是压缩编码的一个关键特征。对称意味着压缩和解压缩占用相同的计算处理能力和时间,对称算法适合于实时压缩和传送视频,如视频会议应用就以采用对称的压缩编码算法为好。

而在电子出版和其他多媒体应用中,都是先把视频内容压缩处理好,然后在需要的时候播放,因此可以采用不对称(asymmetric)编码。不对称或非对称意味着压缩时需要花费大量的处理能力和时间,而解压缩时则能较好地实时回放,也即需要以不同的速度进行压缩和解压缩。一般来说,压缩一段视频的时间比回放(解压缩)该视频的时间要多得多。例如,压缩一段 3 分钟的视频片段可能需要十多分钟的时间,而该片段实时回放时间只有 3 分钟。

1.7 蒙太奇视频编辑艺术

蒙太奇产生于编剧的艺术构思，体现于导演的分镜头稿本，完成于后期编辑。蒙太奇作为影视作品的构成方式和独特的表现手段，贯穿于整个制作过程。

1.7.1 蒙太奇概述

蒙太奇是法语 Montage 的译音，原是法语建筑学上的一个术语。该词的原意是安装、组合、构成，即将各种个别的建筑材料，根据一幅总的设计蓝图，分别加以处理，安装在一起，构成一个整体，使它们发挥出比原来个别存在时更大的作用。结合蒙太奇的实际运用，可以将蒙太奇的完整概念归纳为如下 3 个方面：

1）蒙太奇是电影、电视反映现实的艺术手法，即独特的形象思维方法，我们将其称作蒙太奇思维。蒙太奇思维指导着导演、编辑及其他制作人员，将作品中各个因素通过艺术构思组接起来。导演的蒙太奇思维对整部作品的表现效果有相当大的影响。

2）蒙太奇是电影、电视的基本结构手段、叙述方式，包括分镜头和镜头、场面、段落的安排与组合的全部艺术技巧。蒙太奇对作品的艺术处理，形成一种独特的影视语言。

3）蒙太奇是电影、电视编辑的具体技巧和技法。这一层次上的蒙太奇是在作品的后期制作中，指导编辑人员对素材进行组接的具体原理。

1.7.2 蒙太奇的类别

由于蒙太奇的分类没有一个统一的标准，因此对蒙太奇类型的划分也多种多样。根据内容的叙述方式和表现形式，可以将蒙太奇划分为叙事蒙太奇和表现蒙太奇两大基本类别，这也是国际上惯用的划分方式。

1. 叙事蒙太奇

叙事是画面组接的基础和主体，是电视节目的基本结构方式。叙事蒙太奇的特征是以交代情节、展示事件为主旨，按照情节发展的时间流程、因果关系来分切组合镜头、场面和段落，从而引导观众理解剧情。

2. 表现蒙太奇

表现蒙太奇以镜头对列为基础，通过相连镜头间相互对照，产生一种视觉效果，激发观众的联想。前后画面的内容，或是呼应，或是对比，都会形象地揭示事物间的关系，启迪观众的思考，使其逐渐认识事物的本质，发现事物间的联系和其间蕴涵的哲理，体会某种情感和思想。表现蒙太奇产生的画面组接关系不是以情节、事件的连贯性为目的，而是创造意境，促进观众的心理活动，使思想连贯。

3. 镜头内部蒙太奇

镜头内部蒙太奇又称作机内剪辑，在拍摄中根据内容、情节、情绪的变化改变角度和调整景别的距离，用一个长镜头完成一组镜头所担负的任务。在一个镜头内有景别、角度的变化，并能完整、明了地表现一段内容，从拍摄角度讲叫段落镜头。当它被完整地用在作品中，并发挥着相当于一个段落的作用时，从编辑角度讲，它叫镜头内部蒙太奇。

4. 蒙太奇的句型

由于叙事蒙太奇所叙述的内容不同，镜头的组接构成了不同的叙事蒙太奇句子。所谓蒙太奇句子，就是由两个或两个以上的镜头经过有机连接构成一个完整的意义段落，它的特征是对素材有节奏的组合。

1.7.3　蒙太奇的作用

蒙太奇具有独特的艺术表现作用，使其在影视制作中得到了广泛应用。蒙太奇主要有以下 4 个方面的作用。

1. 叙述情节

蒙太奇对镜头、场面和段落进行分切，有取舍地、按照时间顺序、因果关系进行组接，以交代情节、展示事件。镜头经过蒙太奇组接以后，能表达一个完整的意思，并产生了比每个镜头单独存在时更丰富的意义。观众不会感到思维的跳跃，而是顺理成章地跟随故事情节向前推进。

2. 构造时空

影视时空不同于人们现实生活中的时空。影视时间可以倒流，可以停止，影视空间可以压缩，可以扩张，可以虚构。影视时空的这些特点，都源于蒙太奇对时空的建构。影视时空并非真实的，而是特殊的镜头手段及其组合给观众造成的一种感受。因此，电影、电视中假定性的时间和空间，既有时间与空间的压缩，也有时间与空间的延伸。删除中间的过程是对时空的压缩，相反，则是对时空的扩张。

此外，运用蒙太奇方法，还能把时间和空间上不相关的片段有机地连接起来，实现时空的转换和虚构，推动情节有顺序、有逻辑地向前发展。这样一来，影视制作人员就不用千辛万苦地非要拍到真实场景不可了，电影、电视的制作也就相对变得容易了。值得注意的是：并不是把任意几个镜头组接起来，就可以创造出合理的时空。任何空间关系上的混乱，都会造成观众的困惑甚至误解，影响作品的质量。

3. 表达情感

在有解说词的电视节目中，情感的抒发和思想的表达主要是通过解说词完成的。但是，不可否认的是，画面同样是抒发情感的重要途径。这一作用主要是由表现蒙太奇来实现的，特别是积累蒙太奇。

4. 渲染气氛

不同的影视作品，由于表现的内容不同，需要不同的情节氛围。蒙太奇可以把视觉元素和听觉元素融合为运动的、连续的、统一的视听形象，为作品营造出欢快、悲伤、惊险、刺激等气氛。

1.8　素材采集

Premiere 项目中视频素材的质量通常决定着作品的效果，决定素材源质量的主要因素之一是如何采集视频，Premiere 提供了非常高效可靠的采集选项。

1.8.1　素材采集基础

在开始为作品采集视频之前，首先应认识到，最终采集影片的品质取决于数字化设备的复杂程度和采集素材所使用的硬盘驱动速度。Premiere 既能使用低端硬件又能使用高端硬件采集音频和视频。采集硬件，无论是低端或高端，通常都分为如下 3 类。

1. FireWire/IEEE 1394 板卡

苹果公司创建的 IEEE 1394 端口主要用于将数字化的视频从视频设备中快速传输到计算机中。在苹果计算机中，IEEE 1394 板卡又称作 FireWire 端口。少数 PC 制造商，包括索尼和戴尔，出售的计算机中预装有 IEEE(索尼称其 IEEE 1394 端口为 i.Link 端口)。如果购买 IEEE 1394 板卡，则硬件必须是 OHCI(Open Host Controller Interface，开放式主机控制器接口)。OHCI 是一个标准接口，它允许 Windows 识别板卡使之工作。如果 Windows 能够识别此板卡，那么多数 DV 软件都可以毫无问题地使用此板卡。

如果计算机有 IEEE 1394 端口，那就可以将数字化的数据从 DV 摄像机直接传送到计算机中。DV 和 HDV 摄像机实际上在拍摄时就数字化并压缩了信号。因此，IEEE 1394 端口是已数字化的数据和 Premiere 之间的一条渠道。如果设备与 Premiere 兼容，那就可以使用 Premiere 的采集窗口启动、停止和预览采集过程。如果计算机上安装有 IEEE 1394 板卡，就可以在 Premiere 中启动和停止摄像机或录音机；这称作设备控制。使用设备控制，就可以在 Premiere 中控制一切动作。可以为视频源材料指定磁带位置、录制时间码并建立批量会话，使用批量会话可以在一个会话中自动录制录像带的不同部分。

2. 模拟/数字采集卡

此板卡可以采集模拟视频信号并对它进行数字化。某些计算机制造商出售的机型中直接将这些板卡嵌入到计算机中。在 PC 上，多数模拟/数字采集卡允许进行设备控制，这便可以启动和停止摄像机或录音机以及指定到想要录制的录像带位置。如果正在使用模拟/数字采集卡，则必须意识到，并非所有的板卡都是使用相同的标准设计的，某些板卡可能与 Premiere 不兼容。

3. 带有 SDI 输入的 HD 或 SD 采集卡

如果正在采集 HD 影片，则需要在系统中安装一张 Premiere 兼容的 HD 采集卡。此板卡必须有一个串行设备接口(Serial Device Interface，SDI)，Premiere 本身支持 AJA 的 HD SDI 板卡。

1.8.2　连接采集设备

在开始采集视频或音频的过程之前，确保已经阅读了所有随同硬件提供的相关文档，再连接采集设备。许多板卡包含了插件，以便直接采集到 Premiere 中。

1. IEEE 1394/FireWire 的连接

要将 DV 或 HDV 摄像机连接到计算机的 IEEE 1394 端口非常简单。只需将 IEEE 1394 线缆插进摄像机的 DV 入/出插孔，然后将另一端插进计算机的 IEEE 1394 插孔。虽然这个步骤很简单，但也要保证阅读所有的文档。例如，只有将外部电源接入到 DV/HDV 摄像机中，连接才会有效。

2. 模拟到数字

多数模拟-数字采集卡使用复式视频或 S 视频系统，某些板卡既提供了复式视频，也提供了 S 视频。连接复式视频系统通常需要使用三个 RCA 插孔的线缆，将摄像机或录音机的视频和声音输出插孔连接到计算机采集卡的视频和声音输入插孔。S 视频连接提供了从摄像机到采集卡的视频输出，一般来说，这意味着只需简单地将一根线缆从摄像机或录音机的 S 视频输出插孔连接到计算机的 S 视频输入插孔即可。某些 S 视频线缆额外提供了声音插孔。

3. 串行设备控制

使用 Premiere 可以通过计算机的串行通信(COM)端口控制专业的录像带录制设备。计算机的串行通信端口通常用于调制解调器通信和打印。串行控制允许通过计算机的串行端口传输与发送时间码信息。使用串行设备控制，就可以采集重放和录制视频。因为串行控制只导出时间码和传输信号，所以需要一张硬件采集卡将视频和音频信号发送到磁带。Premiere 支持如下标准：九针串行端口、Sony RS-422、Sony RS-232、Sony RS-422 UVW、Panasonic RS-422、Panasonic RS-232 和 JVC-232。

1.8.3　实地拍摄素材

实地拍摄是取得素材的最常用方法，在进行实地拍摄之前，应做好如下准备：

1) 检查电池电量；
2) 检查 DV 带是否备足；
3) 如果需要长时间拍摄，应安装好三脚架；
4) 首先计划拍摄的主题，实地考察现场的大小、灯光情况、主场景的位置，然后选定自己拍摄的位置，以便确定要拍摄的内容。

在做好拍摄准备后，就可以实地拍摄录像了，进行实地拍摄的方法如下：

(1) 按住 DV 摄像机上的 Power 键，两秒钟后启动摄像机；

(2) 将 DV 机调到 Video(录像)模式下，再通过调节各个选项来调整录像片段的显示质量、图像大小、分辨率以及白平衡等设置参数；

(3) 利用 LCD 显示屏选取拍摄物体；

(4) 按下快门键开始拍摄，LCD 显示屏上将出现所拍摄的录像片段；

(5) 再次按下快门键停止拍摄。停止拍摄后，录像片段就已经存储在 DV 带中，在 PlayBack(回放)模式中便可以预览拍摄的效果。

1.8.4　捕获数字视频

拍摄完毕后，可以在 DV 机中回放所拍摄的片段，也可以通过 DV 机器的 S 端子或 AV 输出与电视机连接，在电视机上欣赏。如果要对所拍片段进行编辑，就必须将 DV 带里所存储的视频素材传输到计算机中，这个过程称为视频素材的采集。

将 DV 与 IEEE 1394 接口连接好，就可以开始采集文件了。具体的操作步骤可以参考硬件附带的说明书。

1.8.5　捕获模拟信号

在计算机上通过视频采集卡可以接收来自视频输入端的模拟视频信号，对该信号进行采集、量化成数字信号，然后压缩编码成数字视频。把模拟音频转成数字音频的过程称作采样，其过程用到的主要硬件设备便是模拟/数字转换器(Analog to Digital Converter，ADC)，计算机声卡中集成了模拟/数字转换芯片，其功能相当于模拟/数字转换器。采样的过程实际上是将通常的模拟音频信号的电信号转换成许多称作"比特(bit)"的二进制码 0 和 1，这些 0 和 1 便构成了数字音频文件。

由于模拟视频输入端可以提供不间断的信息源，视频采集卡要采集模拟视频序列中的每帧图像，并在采集下一帧图像之前把这些数据传入 PC 系统。因此，实现实时采集的关键是每一帧所需的处理时间。如果每帧视频图像的处理时间超过相邻两帧之间的相隔时间，就会出现数据的丢失，也即丢帧现象。采集卡都是对获取的视频序列先进行压缩处理，然后再存入硬盘，将视频序列的获取和压缩一起完成。

1.9　本章小结

本章主要介绍了视频编辑的基础知识，读者需要了解线性编辑与非线性编辑、视频基本概念、数字视频基础、蒙太奇视频编辑艺术和素材采集等知识，为以后的视频编辑学习打下良好的基础。

1.10　思考与练习

1. ＿＿＿＿＿＿是指在定片显示器上进行传统的编辑方式。

2. ＿＿＿＿＿＿是一种组合和编辑多个视频素材的方式。

3. ＿＿＿＿＿＿的大小决定了视频播放的平滑程度。

4. 到目前为止，影视编辑发展共经历了哪几个阶段？

5. 非线性编辑与线性编辑的区别是什么？

6. 在视频编辑中，帧和帧速率是什么意思？

7. 在视频编辑中，帧速率的作用是什么？

8. 视频记录一般有哪两种方式，这两种记录的形式是怎样的？

9. 根据视频压缩方法的不同，主要可以将其分为哪几种类型？

10. 蒙太奇视频编辑艺术在影视编辑中的作用？

第2章 视频编辑技术基础

用数码摄像机进行影片拍摄越来越流行,它能直接在机器中将高品质的视频数字化。信号被数字化之后,可以通过线缆直接传输到个人计算机中。将这些视频内容保存到计算机中后,就需要借助视频编辑软件将它们创造性地制作成引人注目的视频作品。在学习视频编辑之前,首先来了解一下视频编辑技术方面的知识。

本章将介绍视频编辑技术的基础知识,包括视频编辑中的常见术语、视频和音频常见格式、视频编辑相关软件和常用编辑解码器等内容。

2.1 视频编辑中的常见术语

Adobe Premiere 是革新性的非线性视频编辑应用软件,可以在完成编辑后方便快捷地随意修改而不损害图像质量。在学习使用 Premiere 进行视频编辑之前,首先要掌握视频编辑中的常见术语。

- 动画:通过迅速显示一系列连续的图像而产生动作模拟效果。
- 帧:视频或动画中的单幅图像。
- 帧/秒(帧速率):每秒被捕获的帧数或每秒播放的视频或动画序列的帧数。
- 关键帧(Key frame):素材中的一个特定的帧,它被标记是为了特殊编辑或控制整个动画。当创建一个视频时,在需要大量数据传输的部分指定关键帧有助于控制视频回放的平滑程度。
- 导入:将一组数据从一个程序置入另一个程序的过程。文件一旦被导入,数据将被改变以适应新的程序而不会改变源文件。
- 导出:这是在应用程序之间分享文件的过程。导出文件时,要使数据转换为接收程序可以识别的格式,源文件将保持不变。
- 过渡效果:用一个视频素材代替另一个视频素材的切换过程。
- 渲染:对项目进行输出。在应用了转场和其他效果之后,将源信息组合成单个文件的过程。

2.2 视频和音频常见格式

在学习使用 Premiere 进行视频编辑之前,读者首先需要了解数字视频与音频技术的一些基本知识。下面将介绍常见视频格式和音频格式。

2.2.1 常见视频格式

数字视频包含 DV 格式和数字视频的压缩技术。目前对视频压缩编码的方法有很多，应用的视频格式也就有很多种，其中最有代表性的就是 MPEG 数字视频格式和 AVI 数字视频格式。下面就介绍一下几种常用的视频存储格式。

1. AVI 格式(Audio\Video Interleave)

这是一种专门为微软 Windows 环境设计的数字视频文件格式，这种视频格式的好处是兼容性好、调用方便、图像质量好，缺点是占用空间大。

2. MPEG 格式(Motion Picture Experts Group)

该格式包括 MPEG-1、MPEG-2、MPEG-4。MPEG-1 被广泛应用于 VCD 的制作和网络上一些供下载的视频片段，使用 MPEG-1 的压缩算法可以把一部 120 分钟长的非视频文件的电影压缩到 1.2GB 左右。MPEG-2 则应用在 DVD 的制作方面，同时在一些 HDTV(高清晰电视广播)和一些高要求视频的编辑和处理上也有一定的应用空间；相对于 MPEG-1 的压缩算法，MPEG-2 可以制作出在画质等方面性能远远超过 MPEG-1 的视频文件，但是容量也不小，在 4GB 到 8GB 左右。MPEG-4 是一种新的压缩算法，可以将用 MPEG-1 压缩成 1.2GB 的文件压缩到 300MB 左右，供网络播放。

3. ASF 格式(Advanced Streaming Format)

这是 Microsoft 为了和现在的 Real Player 竞争而发展出来的一种可以直接在网上观看视频节目的流媒体文件压缩格式，即一边下载一边播放，不用存储到本地硬盘上。

4. NAVI 格式(NewAVI)

这是一种新的视频格式，由 ASF 的压缩算法修改而来，它拥有比 ASF 更高的帧速率，但是以牺牲 ASF 的视频流特性作为代价。也就是说，它是非网络版本的 ASF。

5. DIVX 格式

该格式的视频编码技术可以说是一种对 DVD 造成威胁的新生视频压缩格式。由于它使用的是 MPEG-4 压缩算法，可以在对文件尺寸进行高度压缩的同时，保留非常清晰的图像质量。

6. QuickTime 格式

QuickTime(MOV)格式是苹果公司创立的一种视频格式，在图像质量和文件尺寸的处理上具有很好的平衡性。

7. Real Video 格式(RA、RAM)

主要定位于视频流应用方面，是视频流技术的创始者。可以在 56Kbps Modem 的拨号上网条件下实现不间断的视频播放，因此同时也必须通过损耗图像质量的方式来控制文件的大小，图像质量通常很低。

2.2.2 常见音频格式

音频是指一个用来表示声音强弱的数据序列，由模拟声音经采样、量化和编码后得到。不同数字音频设备一般对应不同的音频格式文件。音频的常见格式有 WAV、MIDI、MP3、WMA、MP4、VQF、RealAudio、AAC 等。下面将介绍几种常见的音频格式。

1. WAV 格式

WAV 格式是微软公司开发的一种声音文件格式，也叫波形声音文件，是最早的数字音频格式，Windows 平台及其应用程序都支持这种格式。这种格式支持 MSADPCM、CCITT A LAW 等许多种压缩算法，并支持多种音频位数、采样频率和声道。标准的 WAV 文件和 CD 格式一样，也是 44100Hz 的采样频率，速率 88kbps，16 位量化位数，因此 WAV 的音质和 CD 差不多，也是目前广为流行的声音文件格式。

2. MP3 格式

MP3 的全称为"MPEG Audio Layer-3"。"Layer-3"是 Layer-1、 Layer-2 以后的升级版(version up)产品。与其前身相比，Layer-3 具有最好的压缩率，并被命名为 MP3，其应用最为广泛。

3. Real Audio 格式

Real Audio 是由 Real Networks 公司推出的一种文件格式，最大的特点就是可以实时传输音频信息，现在主要用于网上在线音乐欣赏。

4. MP3 Pro 格式

MP3 Pro 由瑞典 Coding 科技公司开发，其中包含了两大技术：一是来自于 Coding 科技公司所特有的解码技术，二是由 MP3 的专利持有者——法国汤姆森多媒体公司和德国 Fraunhofer 集成电路协会共同研究的一项译码技术。

5. MP4 格式

MP4 是采用美国电话电报公司(AT&T)所开发的以"知觉编码"为关键技术的音乐压缩技术，由美国网络技术公司(GMO)及 RIAA 联合公布的一种新的音乐格式。MP4 在文件中采用了保护版权的编码技术，只有特定用户才可以播放，有效地保证了音乐版权。另外 MP4 的压缩比达到 1:15，体积比 MP3 更小，音质却没有下降。

6. MIDI 格式

MIDI(Musical Instrument Digital Interlace)又称乐器数字接口，是数字音乐电子合成乐器的国际统一标准。它定义了计算机音乐程序、数字合成器及其他电子设备之间交换音乐信号的方式，规定了不同厂家的电子乐器与计算机连接的电缆、硬件及设备的数据传输协议，可以模拟多种乐器的声音。

7. WMA 格式

WMA(Windows Media Audio)是微软开发的用于 Internet 音频领域的一种音频格式。音质要强于 MP3 格式，更远胜于 RA 格式。WMA 的压缩率一般都可以达到 1:18 左右，WMA 还支持音频流(Stream)技术，适合网上在线播放。

8. VQF 格式

VQF 格式是由 YAMAHA 和 NTT 共同开发的一种音频压缩技术，它的核心是减少数据流量但保持音质的方法来达到更高的压缩比，压缩率可达到 1:18，因此相同情况下压缩后 VQF 文件的体积比 MP3 小 30%~50%，更利于网上传播，同时音质极佳，接近 CD 音质(16 位 44.1KHz 立体声)。

2.3　常用编辑解码器

在生成预演文件及最终节目影片时，需要选择一种合适的针对视频和音频的编辑解码器程序。当在计算机显示器上预演或播放的时候，一般都使用软件压缩方式；而当在电视机上预演或播放时，则需要使用硬件压缩方式。

在正确安装各种常用的音视频解码器后，在 Premiere 中才能导入相应的素材文件，以及将项目文件输出为相应的影片格式。

2.3.1　常用视频解码器

在影片制作中，常用的视频编码解码器包括如下几种：

- Indeo Video 5.10：一种常用于在 Internet 上发布视频文件的压缩方式。这种编码解码器具有如下优点：快速压缩选择，灵活的关键帧控制，色键(透明度)，支持回放等。而且，该编码解码器还采用逐步下载方式以适应不同的网络带宽。
- Microsoft RLE：用于压缩包含大量平缓变化颜色区域的帧。它使用空间的 89 位全长编码(RLE)压缩器，在质量参数被设置为 100%时，几乎没有质量损失。
- Microsoft Video1：它是一种有损的空间压缩的编码解码器，支持深度为 8 位或 16 位的图像，主要用于压缩模拟视频。
- Intel Indeo(R) Video R3.2：用于压缩从 CD-ROM 导入的 24 位视频。同 Microsoft Video1 编码解码器相比，其优点在于包含了较高的压缩比、较好的图像质量以及较快的播入速度。对没使用有损压缩的源数据应用 Indeo Video 编码解码器可获得最好的效果。
- Cinepak Codec by Radius：用于从 CD-ROM 导入或从网络下载的 24 位视频文件。同 Video 编码解码器相比，它具有较高的压缩比和较快的播入速度，并可设置播入数据率，但当数据低于 30kbps 时，图像质量明显下降。它是一种高度不对称的编码解码器，即解压缩要比压缩快得多。最好在输出最终版本的节目文件时才使用这种编码解码器。

- DiveX:MPEG-4Fast-Motion 和 DiveX:MPEG-4Low-Motion：当系统安装过 MPEG-4 的视频插件后，就会出现这两种视频编码解码器，用来输出 MPEG-4 格式的视频文件。MPEG-4 格式的图形质量接近 DVD，声音质量接近 CD，而且具有相当高的压缩比，因此是一种非常出色的视频编码解码器，从而在多媒体领域迅速壮大起来。MPEG-4 主要应用于视频电话(Video Phone)、视频电子邮件(Video Email)和电子新闻(Electronic News)等，其传输速率要求在 4800bps~6400bps 之间，分辨率为 176×144。MPEG-4 利用窄的带宽，通过帧重建技术压缩和传输数据，以最小的数据获取最佳的图像质量。
- Intel Indeo(TM) Video Raw：使用该视频编码解码器能捕获图像质量极好的视频，其缺点就是要占用大量磁盘空间。
- None：即使用无压缩模式实时捕获模拟视频，以提供极好的图像质量，其缺点就是占用的磁盘空间太大，并且视频不能实时回放。

2.3.2　常用音频解码器

在影片制作中，常用的音频编码解码器包括如下几种：

- Dsp Group True Speech (TM)：该音频编码解码器适用于压缩以低数据率在 Internet 上传播的语音。
- GSM 6.10：该音频编码解码器适用于压缩语音，在欧洲用于电话通信。
- Microsoft ADPCM：ADPCM 是数字 CD 的格式，是一种用于将声音和模拟信号转变为二进制信息的技术，它通过一定时间采样来取得相应的二进制数，是能存储 CD 质量音频的常用数字化音频格式。
- IMA：由 Interactive Multimedia Association (IMA)开发的、关于 ADPCM 的一种实现方案，适用于压缩交叉平台上使用的多媒体声音。
- CCITTU 和 CCITT：该音频编码解码器适用于语音压缩，用于国际电话与电报通信。

2.3.3　Quick Time 视频编码解码器

如果用户安装了 Quick Time 视频编码解码器，则可以在 Premiere 中使用相应的视频格式，Quick Time 的视频编码解码器包括以下内容：

1) Component Video

该视频编码解码器适用于采集、存档或临时保存视频。它采用相对较低的压缩比，要求的磁盘空间较大。

2) Graphics

该视频编码解码器主要用于 8 位静止图像。这种编码解码器没有高压缩比，适合用于从硬盘播放，而不适合用于从 CD-ROM 播放。

3) Video

该视频编码解码器适用于采集和压缩模拟视频。使用这种编码解码器从硬盘播放时，可获得高质量的播放效果；从 CD-ROM 播放时，也可获得中等质量的播放效果。它支持空间压缩和时间压缩、重新压缩或生成，可获得较高的压缩比，而不会有质量损失。

4) Animation

该视频编码解码器适用于有大面积单色的诸如卡通动画之类的片段，可以根据实际需要设置不同的压缩质量。它使用苹果公司基于运动长度编码的压缩算法，同时支持空间压缩和时间压缩。当设置为无损压缩时，可用于存储字幕序列和其他运动的图像。

5) Motion JPEG A 和 Motion JPEG B

该视频编码解码器适用于将视频采集文件传送给配置有视频采集卡的计算机。此编码解码器是 JPEG 的一个版本。一些视频采集卡包含加速芯片，能加快编辑操作的速度。

6) Photo-JPEG

该视频编码解码器适用于包含渐变色彩变化的静止图像或者不包含高比例边缘或细节变化剧烈的静止图像。虽然它是一种有损压缩，但在高质量设置下，几乎是没有什么影响的。另外，它是一种对称压缩，其压缩与解压缩的时间几乎相同。

7) H.263 和 H.261

该视频编码解码器适用于较低数据率下的视频会议，一般不用于通常的视频。

8) DV-PAL 和 DV-NTSC

它们是 PAL 和 NTSC 数字视频设备采用的数字视频格式。这类视频编码解码器允许从连接的 DV 格式的摄录像机直接将数字片段输入到 Premiere 1.5 中。它们还适用于作为译码器，在交叉平台和配置有数字视频采集卡的计算机间传送数字视频。

9) Cinepak

该编码解码器适用于压缩从 CD-ROM 光盘导入或从 Web 上下载的视频文件。同 Video 编码解码器相比，它具有较高的压缩比和较快的播放速度；并且可以设置播放数据率，但当数据率低于 30kbps 时，图像质量就将明显下降。这是一种高度不对称的编码解码器，其解压缩比压缩快得多。要获得最好的结果，应该在输出最终版本的影片文件时使用这种编码解码器。

10) Sorenson Video 和 Sorenson Video 3

该视频编码解码器在数据率低于 200kbps 时可以获得高质量图像，而且压缩后的文件较小，其不足之处就是压缩的时间长。它适合于最终输出而非编辑的状态，还支持在速度较慢的计算机上输出可在速度较快计算机上平滑播放的影片。

11) Planar RGB

这是一种有损视频编码解码器，对于压缩诸如动画之类包含大面积纯色的图像有效。

12) Intel Indeo 4.4

该视频编码解码器适用于在 Internet 上发布的视频文件。它包含较高的压缩比、较好的图像质量和较快的播放速度。

2.3.4　Quick Time 音频编码解码器

如果用户安装了 Quick Time 音频编码解码器,则可以在 Premiere 中使用相应的音频格式,Quick Time 的音频编码解码器包括以下内容:

1) MLsw 2:1

这种音频编码解码器适用于交换的音频,例如许多 UNIX 工作站上使用的音频。

2) 16-bit Big Endian 和 16-bit Little Endian

这种音频编码解码器适用于使用 Big Endian 或 Little Endian(字节顺序)编码存储的情形。这些编码解码器对于软硬件工程师而言是十分有用的,但通常不能用于视频编辑。

3) 24-bit Integetr 和 32-bit Integetr

这种音频编码解码器适用于声音数据必须使用 24 位或 32 位整数编码存储的情形。

4) 32-bit Floating Point 和 64-bit Floating Point

这种音频编码解码器用于必须使用 32 位或 32 位浮点数据编码存储的情形。

5) Alaw 2:1

这种音频编码解码器主要采于欧洲数字电话技术。

6) IMA 4:1

这种音频编码解码器适用于交叉平台的多媒体声音,它是由 IMA 利用 ADPCM 技术开发出来的。

7) Qualcomm Prue Voice 2

这种音频编码解码器在音频采样速率为 8KHz 时工作得最好,它是基于蜂窝电话的 CDMA 技术标准。

8) MACE 3:1 和 MACE 6:1

这是一种适用于普通用途的声音编码编码器,内置于 Mac OS Sound Manager 中。

2.3.5　DV Playback 视频编码解码器

DV Playback 视频编码解码器是 Premiere 自带的编码解码器,在视频压缩方式中有如下视频编码解码器可以供用户选择:

- DV(NTSC): 它是适用于北美、日本等国家和地区电视制式的解码器,帧频为 29.97,画面尺寸 4:3。
- DV(24p advanced): 它是帧频为 24 的 NTSC 制式。
- DV(PAL): 它是适用于中国、欧洲等国家和地区电视制式的解码器,帧频为 25,画面尺寸 9:8。

注意:

如果在影片制作过程中缺少某种解码器,则不能使用该类型的素材。用户可以从相应的网站下载并安装这些解码器。

2.4 视频编辑相关软件

在视频编辑软件中，Adobe Premiere 是最常见的非线性视频编辑软件，在本书中将对其进行详细讲解。除此之外，常见的视频编辑软件还包括 After Effects、Adobe Encore、Adobe Soundbooth 和 Adobe Audition 等。

2.4.1 After Effects

After Effects 是 Adobe Systems 开发的一种能与 Premiere 相媲美的数字视频编辑应用程序。它提供了 Premiere 也不具备的几种功能，比如在 Composition 面板中创建贝塞尔蒙版、创建运动路径和创建复合项目。如果想在 After Effects 中创建蒙版或特效，可能会发现将视频素材导入 After Effects 中并在 After Effects 中对其进行修整(修改素材的入点和出点)会更方便。After Effects 的工作界面如图 2-1 所示。

图 2-1   After Effects 的工作界面

尽管 Adobe Premiere 集成了强大的视频特效，但有时候仍然需要创建一些 Premiere 的面板中所没有的合成动作或文字效果。如果要让项目更加生动，可以考虑使用 Adobe After Effects。After Effects 能够创建十几种 Premiere 无法实现的效果。例如，可以微调一条运动路径的形状，就像它是 Adobe Illustrator 或 Adobe Photoshop 中的一条曲线一样。也可以随时将文字沿一条曲线旋转 360 度，或者制作三维动画。After Effects 允许在视频帧中同时创建多个素材，以及创建丰富多彩的视频特效。

AVI 影片、QuickTime 影片和 Premiere 项目都可以导入 After Effects 以进行更多的视频编辑及合成。在 After Effects 中进行编辑后，可以导出作品并将它另存为 Premiere 项目。然后将其重新导入 Premiere 或从 After Effects 中导出并以其他格式存储。After Effects 允许导出作品并将其另存为 AVI 或 QuickTime 影片，或者以 MPEG-4、DV Stream、3G 或 Adobe
Flash(SWF)格式存储，或者保存为 Premiere 项目。也可以将 Adobe Effects 作品导出为单独
的图形文件夹序列。然后将序列文件夹导入 Premiere。

注意：

尽管 After Effects 在视频编辑中有着许多优点，但它并不能取代 Premiere 进行影视编
辑。After Effects 更侧重于影视特效制作，如果要进行高效的影视编辑工作，首先工具还是
Premiere。

2.4.2　Adobe Encore

Adobe Encore 是一款高端 DVD 制作程序，用它可以创建交互式 DVD。作为 Adobe
Video Collection 的一部分，Encore 允许导入从 Premiere 导出的音频和视频。Adobe Encore
的工作界面如图 2-2 所示。

图 2-2　Adobe Encore 的工作界面

使用 Encore 可以创建菜单和导航按钮，为 Premiere 项目添加复杂的交互性。甚至可以
使用 Encore 项目创建交互式 Flash 影片。因为 Encore 的许多导航链接都是通过在屏幕上拖
放图形而自动创建的，所以熟悉和运行 Encore 并不会占用 Premiere 用户太多时间。虽然
Encore 的工作界面与 Premiere 的不同，但是大多数用户仍然会对 Encore 的项目和时间线
面板有似曾相识的感觉。

Encore 支持的视频格式包括 AVI、DV-AVI(Mac OS)、H.264、MPEG-2、QuickTime
和 WMV 等；Encore 支持的音频格式包括 AC3(Dolby Digital)、AIF、AIFF(非 AIFF-C)、
MP3、MPG、M2P、QuickTime 和 WMA 等。

2.4.3　Adobe Audition

虽然 Premiere 包含了音频编辑、混音和录制工具,但它并没有提供用于复杂音频编辑的工具。当 Premiere 用户需要 Premiere 或 Adobe Soundbooth 不能提供更强大的音频编辑工具时,就应该求助于 Adobe 的专业音频制作应用程序 Audition。Adobe Audition 的工作界面如图 2-3 所示。

图 2-3　Adobe Audition 的工作界面

使用 Audition 的工具可以精确放大、细察和选择音频数据,然后剪切、复制和粘贴它们。Audition 也提供了一些用于在整个音频剪辑上扩展、搜索和移除静音区的工具。它能自动识别并选择音频节奏中的节拍,并且在 Audition 中复制和粘贴时,甚至可以在粘贴时混合音频。Audition 的主要功能如下:

1. 声音移除效果

使用新的"声音移除"效果(选择"效果"|"降噪/恢复"命令)可以从录制中移除不需要的音频源。此效果分析录制的选定部分,并生成一个声音模型。生成的模型也可以使用表示其复杂性的参数进行修改。高复杂性的声音模型需要更多的改进遍数来处理录制,但会提供更加准确的结果。用户也可以保存声音模型供以后使用。它还包括一些常用预设以最好地处理声音,例如警报器和响铃手机。

2. 咔嗒声/爆音消除器效果

使用咔嗒声/爆音消除器效果(选择"效果"|"降噪/恢复"命令)可以去除麦克风爆音、轻微嘶声和噼啪声。这种噪声在诸如老式黑胶唱片和现场录音之类的录制中比较常见。用户可以在"效果"对话框调整选区,并且修复多个咔嗒声,而无须多次打开效果。

3. 生成噪声

可以通过从应用程序菜单中选择"效果"|"生成"|"噪声"命令生成噪声。用户可以生成各种颜色(白色、粉色、棕色和灰色)的随机噪声。可以修改噪声的参数，例如样式、延迟时间、强度、持续时间以及 DC 偏移。噪声的功率谱密度显示为预览。如果时间轴上有一个选区，则新添加的噪声会替换或重叠选定的音频。多轨视图中还支持生成噪声函数。并且，噪声在生成之后将自动插入到音轨中。

4. ITU 响度表

Adobe Audition 具有"TC 电子响度探测计"增效工具的一个集成的自定义版本。在波形和多轨视图中均可使用，它为用户提供了有关峰值、平均值和范围级别的信息。"雷达"扫描视图同样可供使用，它提供了响度随时间变化的极佳视图(选择"效果"|"特殊"|"响度探测计"命令)。

5. 科学滤波器效果

科学滤波器效果(选择"效果"|"滤波与均衡"命令)在 Audition 中作为实时效果提供。使用此效果对音频进行高级操作。用户也可以从"效果组"查看波形编辑器中各项资源的效果，或者查看"多轨编辑器"中音轨和剪辑的效果。

6. 立体声扩展器效果

使用新的立体声扩展器(选择"效果"|"立体声声像"|"立体声扩展器"命令)可定位并扩展立体声声像。用户也可以将其与效果组中的其他效果相结合。在多轨视图中，用户也可以通过使用自动化通道随着时间的推移改变效果。

7. 变调器效果

使用变调器效果(选择"效果"|"时间与变调"|"变调器"命令)可随着时间改变节奏以改变音调。该效果现在使用横跨整个波形的关键帧编辑包络，类似于淡化包络和增益包络效果。

8. 音高换档器效果

使用音高换档器效果(选择"效果"|"时间与变调"|"音高换档器"命令)可改变音乐的音调。它是一个实时效果，可与母带处理组或效果组中的其他效果相结合。在多轨视图中，用户也可以使用自动化通道随着时间改变音调。

2.4.4　Adobe Soundbooth

Adobe Soundbooth 是为 Premiere 和 Flash 用户设计的一种音频编辑程序，用于编辑和修正音频，而不必深入钻研技术细节。Adobe Soundbooth 的工作界面如图 2-4 所示。

图 2-4 Adobe Soundbooth 的工作界面

使用 Soundbooth 可以快速编辑音频文件和素材、创建淡入和淡出效果以及提高音频品质。作为 Adobe Creative Suite Production Premium 套件的一部分，Soundbooth 已完美整合到视频制作流程中。Premiere 用户可以将音频轨道发送到 Soundbooth 中进行编辑。编辑完成之后，所做的更改会在 Premiere 中显示出来。Soundbooth 也提供了一个视频监视器通道，以便在观看视频时编辑音频。它甚至还包含一个 Auto Compose Score 任务，用于创建自定义乐谱。

2.5 本章小结

本章主要介绍了视频编辑技术的基础知识，读者需要了解常用编辑解码器、视频编辑相关软件，并掌握视频编辑中的常见术语、视频和音频格式等知识，为以后的 Premiere 视频编辑学习打下良好的基础。

2.6 思考与练习

1. ＿＿＿＿＿是通过迅速显示一系列连续的图像而产生动作模拟效果。

2. ＿＿＿＿＿是视频或动画中的单幅图像。

3. ＿＿＿＿＿是微软公司开发的一种声音文件格式，也叫波形声音文件，是最早的数字音频格式，Windows 平台及其应用程序都支持这种格式。

4. 帧和关键帧分别指什么？

5. 哪种视频格式是专门为微软 Windows 环境设计的数字式视频文件格式，这种视频格式的好处是什么？

 6. 哪种视频格式被广泛应用于 VCD 的制作和网络上一些供下载的视频片段？

 7. 与其前身相比，哪种音频格式具有最好的压缩率，其应用最为广泛？

 8. 如果在影片制作过程中，不能使用某种类型的素材，是什么原因？应该如何解决？

第3章 Premiere基础知识

Premiere 是目前最流行的非线性编辑软件，是一款强大的数码视频编辑工具。Premiere Pro CC 2017 作为最新的视频编辑软件，拥有前所未有的视频编辑能力和灵活性，是视频爱好者们使用最多的视频编辑软件之一。

本章将介绍 Premiere Pro CC 2017 基础知识，包括 Premiere 的运用领域、工作方式、Premiere Pro CC 2017 的工作界面和基本操作，以及 Premiere 影视制作流程等内容。

3.1 Premiere 快速入门

Premiere 是一款视频编辑软件，在学习使用 Premiere 进行视频编辑之前，首先需要了解 Premiere 的基础知识。

3.1.1 Premiere 的功能与作用

Premiere 拥有创建动态视频作品所需的所有工具，无论是为 Web 创建一段简单的视频剪辑，还是创建复杂的纪录片、摇滚视频、艺术活动或婚礼视频，Premiere 都是最好的视频编辑工具。

下面列出了一些使用 Premiere 可以完成的制作任务：

- 将数字视频素材编辑为完整的数字视频作品。
- 从摄像机或录像机采集视频。
- 从麦克风或音频播放设备采集音频。
- 加载数字图形、视频和音频素材库。
- 对素材添加视频过渡和视频特效。
- 创建字幕和动画字幕特效，如滚动或旋转字幕。

3.1.2 Premiere 的工作方式

要理解 Premiere 的视频制作过程，就需要对传统录像带产品，即影片是非数字化的产品的创建步骤有基本的了解。

在传统或线性视频产品中，所有作品元素都被传送到录像带中。在编辑过程中，最终作品需要电子编辑到最终或节目录像带中。即使在编辑过程中使用了计算机，录像带的线性或模拟本质也会使整个过程非常耗时；在实际编辑期间，录像带必须在磁带机中加载和卸载。时间都浪费在了等待录像机到达正确的编辑点上。作品通常也是按序组合的。如果想返回到以前的场景，并使用更短或更长的一段场景替换它，那么后续的所有场景都必须重新录制到节目卷轴上。

非线性编辑程序(通常缩写为 NLE, 如 Premiere)完全颠覆了整个视频编辑过程。数字视频和 Premiere 消除了传统编辑过程中耗时的制作过程。使用 Premiere 时, 不必到处寻找磁带或者将它们放入磁带机和从中移走它们。制作人使用 Premiere 时, 所有的作品元素都数字化到磁盘中。Premiere 的项目面板中的图标代表了作品中的各个元素, 无论是一段视频素材、声音素材, 还是一幅静帧图像。面板中代表最终作品的图标称为时间线。时间线的焦点是视频和音频轨道, 它们是横过屏幕从左延伸到右的平行条。当需要使用视频素材、声音素材或静帧图像时, 只需在项目面板中选中并拖动到时间线中的一个轨道上即可。可以依次将作品中的项目放置或拖动到不同的轨道上。在工作时, 可以通过单击时间线的期望部分访问自己作品的任一部分。也可以单击或拖动一段素材的起始或末尾以缩短或延长其持续时间。

要调整编辑内容, 可以在 Premiere 的素材源监视器和节目监视器中逐帧查看和编辑素材。也可以在素材源监视器面板中设置出点和入点。设置入点是指定素材开始播放的位置, 设置出点是指定素材停止播放的位置。因为所有素材都已经数字化(而且没有使用录像带), 所以 Premiere 能够快速调整所编辑的最终作品。

在工作时, 可以很容易地预览编辑、特效和切换效果。改变编辑和特效通常只需简单地改变入点和出点, 而不必到处寻找正确的录像带或等待作品重新装载到磁带中。完成所有的编辑之后, 可以将文件导出到录像带, 或者以其他某种格式创建一份新的数字文件。可以任意次数地导出文件, 以不同的画幅大小和帧速率导出为不同的文件格式。此外, 如果想给 Premiere 项目添加更多特效, 可以轻松地将它们导入 Adobe After Effects。也可以将 Premiere 影片整合到网页中, 或将之导入 Adobe Encore 来创建一份 DVD 作品。

3.1.3　安装与卸载 Premiere

本节将介绍 Premiere 的安装与卸载方法, 该软件的安装和卸载操作与其他软件基本相同。

1. 安装 Premiere Pro CC 2017 的系统需求

随着软件版本的不断更新, Premiere 的视频编辑功能也越来越强, 同时文件的安装大小也与日俱增。为了能够让用户完美地体验所有功能的应用, 安装 Premiere Pro CC 2017 时对计算机的硬件配置就提出了一定要求。安装 Premiere Pro CC 2017 必须使用 64 位 Windows 7 或更高版本的 Windows 操作系统。

表 3-1　Premiere Pro CC 2017 对 64 位操作系统的硬件需求

操作系统	Microsoft Windows 7 Enterprise 或更高版本
	Microsoft Windows 7 Ultimate 或更高版本
	Microsoft Windows 7 Professional 或更高版本
	Microsoft Windows 7 Home Premium 或更高版本
浏览器	Internet Explorer 7.0 或更高版本

（续表）

处理器	AMD Athlon 64 AMD Opteron Intel Xeon，具有 Intel EM 64T 支持 Intel Pentium 4，具有 Intel EM 64T 支持
内存	2GB RAM(建议使用 8GB RAM)
显示器分辨率	1024×768 真彩色
磁盘空间	安装需要 2.0GB
.NET Framework	.NET Framework 4.0
视频编辑的其他需求	2GB RAM 或更大 2GB 可用硬盘空间(不包括安装需要的硬盘空间) 1280×1024 真彩色视频显示适配器 128 MB(建议：普通图像为 256 MB，中等图像材质库图像为 512MB)，Pixel Shader 3.0 或更高版本，支持 Direct3D 功能的图形卡

2. 安装 Premiere Pro CC 2017

Premiere Pro CC 2017 的安装十分简单，如果计算机中已经有其他版本的 Premiere 软件，可不必卸载其他版本的软件，只需要将运行的相关软件关闭即可。打开 Premiere Pro CC 2017 安装光盘，双击 Setup.exe 安装文件图标，然后根据向导提示即可进行安装。

3. 卸载 Premiere

如果要将计算机中已有的其他版本的 Premiere 软件删除，可以通过控制面板将其卸载，卸载 Premiere 应用程序的方法如下：

【练习 3-1】卸载旧版本的 Premiere。

(1) 单击屏幕左下方的"开始"菜单按钮，在弹出的菜单中选择"控制面板"命令，如图 3-1 所示。

(2) 在弹出的窗口中选择"程序和功能"命令，如图 3-2 所示。

图 3-1　选择"控制面板"命令

图 3-2　选择"程序和功能"命令

(3) 在新出现的窗口中双击要卸载的 Premiere 应用程序，如图 3-3 所示。

（4）此时会弹出初始化对话框，初始化完成后，进入卸载程序的窗口，然后单击"卸载"按钮，即可将指定的 Premiere 程序卸载，如图 3-4 所示。

图 3-3　双击要卸载的程序　　　　　　　图 3-4　单击"卸载"按钮

3.1.4　Premiere Pro CC 2017 新功能

Premiere Pro CC 2017 在以往版本的基础上进行了调整，增加了一些新功能，主要体现在以下几个方面：

1. 改进了字幕

新的字幕功能可让用户操纵文本，改变持续时间和位置，并从头开始创建开放式和隐藏式字幕。

2. Lumetri Color 增强功能

新的拾色器可以让用户在使用 HSL 助手时进行即时选择。此外，用户还可以使用 HDR 10 文件并获得对色彩空间元数据的更好支持。

3. 加速 Dynamic Link

更快的性能减少了对中间渲染的需求，并且提高了播放过程中的帧速率。

4. 自动感知 VR

Premiere 可自动检测用户的虚拟实境视频是单视场、立体左/右还是立体上/下，并应用相应的设置。

5. Dynamic Link 与 Character Animator

在 Character Animator、Premiere 和 After Effects 之间工作时，不必进行中间渲染并提高了性能。

6. 实时文本模板改进

新的文件格式让用户能够在 Premiere 和 After Effects 之间共享实时文本模板，而无需单独的 After Effects 许可证。

7. Audition 音频效果

新的高品质实时音频效果可为用户带来更好的音质和更高的保真度。

8. 键盘快捷键映射

使用视觉映射快速查找、调整和自定义键盘快捷键。

9. 收录更简单

将摄像机中的多段剪辑串接到一个文件中，以简化文件管理。

10. 提高了性能

凭借对 Apple Metal 的增强支持和更多 GPU 效果(包括偏移)，能比以往更快地完成工作。

11. 导入更多本机格式

Premiere 现在支持更多格式，包括 Native QT DNxHD/DNxHR 导出和 RED Helium。

3.2　Premiere Pro CC 2017 的工作界面

为了方便使用 Premiere Pro CC 2017 进行视频编辑，首先就需要熟悉 Premiere Pro CC 2017 的工作界面，以及掌握该工作界面的调整方法。

3.2.1　启动 Premiere Pro CC 2017

同启动其他应用程序一样，安装好 Premiere Pro CC 2017 后，可以通过以下两种方法来启动 Premiere Pro CC 2017。

- 单击桌面上的 Premiere Pro CC 2017 快捷图标，启动 Premiere Pro CC 2017。
- 在"开始"菜单中找到并单击 Adobe Premiere Pro CC 2017 命令，启动 Premiere Pro CC 2017。

程序启动后，将出现开始界面，通过该界面，可以打开最近编辑的几个影片项目文件，以及执行新建项目、打开项目和开启帮助的操作。默认状态下，Adobe Premiere Pro CC 2017 可以显示用户最近使用过的 5 个项目文件的路径，以名称列表的形式显示在"最近使用项"一栏中，用户只需单击所要打开项目的文件名，就可以快速地打开该项目文件并进行编辑，如图 3-5 所示。

图 3-5   开始界面

- 新建项目：按下此按钮，可以创建一个新的项目文件并进行视频编辑。
- 打开项目：按下此按钮，可以开启一个在计算机中已有的项目文件。
- 新建团队项目：按下此按钮，可以创建一个新的团队项目文件并进行视频编辑。
- 打开团队项目：按下此按钮，可以开启一个在计算机中已有的团队项目文件。

注意：

"团队项目"是一项建立在 Adobe Anywhere 技术基础上的新型托管协作服务。可让编辑人员在编辑工作流程中实时无缝协作。使用团队项目，编辑人员和运动图形艺术家可在 Adobe Premiere Pro CC、After Effects CC 和 Adobe Prelude CC 内的共享团队项目中同时工作，而无需任何额外的硬件。

当用户要开始一项新的编辑工作时，需要先单击"新建项目"按钮，建立一个新的项目。此时，会打开如图 3-6 所示的"新建项目"对话框，在"新建项目"对话框中可以设置视频的显示格式、音频的显示格式、采集格式以及设置项目存放的位置和项目的名称。

在"新建项目"对话框中选择"暂存盘"选项卡，可以设置在编辑视频过程中产生的临时文件的位置，如图 3-7 所示。单击"确定"按钮，即可进入 Premiere Pro CC 2017 的工作界面。

图 3-6   "新建项目"对话框

图 3-7   设置暂存盘

3.2.2　认识 Premiere Pro CC 2017 的工作界面

启动 Premiere Pro CC 2017 之后，在工作界面中会自动出现几个面板。Premiere Pro CC 2017 的工作界面主要由菜单栏和各部分面板组成，常用的面板包括工具面板、项目面板、源监视器面板、节目监视器面板、时间轴面板、效果控件面板、效果面板、音轨混合器面板、信息等功能面板，如图 3-8 所示。

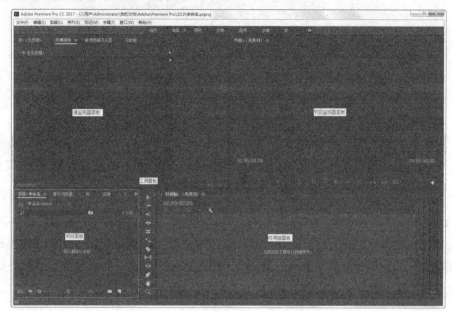

图 3-8　Premiere Pro CC 2017 的工作界面

注意：

Premiere 视频制作涵盖了多个方面的任务，完成一份作品，可能需要采集视频、编辑视频，以及创建字幕、切换效果和特效等，Premiere 窗口可以帮助分类及组织这些任务。

要使用 Premiere 中的工作面板，只需在窗口菜单中选择其名称即可。例如，如果想打开时间轴、监视器、音轨混合器、历史、信息或工具面板，可以选择"窗口"菜单，然后选择需要打开的面板的名称。如果面板已经打开，其名称前会出现一个√号。如果面板没有打开，那么在"窗口"菜单中选择时，它将在一个窗口中打开。如果屏幕上有多个视频序列，可以选择"窗口"菜单中的"时间轴"命令，然后在弹出的子菜单中可以查看存在的序列对象，如图 3-9 所示。

Premiere Pro CC 2017 的工作面板是使用 Premiere 进行视频编辑的重要工具，主要包括项目面板、时间轴面板、监视器面板等功能面板，下面将介绍其中常用面板的主要功能。

1．项目面板

如果所工作的项目中包含许多视频、音频素材和其他作品元素，那么应该重视 Premiere 的项目面板。在项目面板中开启"预览区域"后，可以单击"播放-停止切换"按钮▶来预览素材，如图 3-10 所示。

图 3-9　查看存在的序列对象

图 3-10　预览素材

2. 时间轴面板

时间轴面板是视频作品的基础，创建序列后，在时间轴面板中可以组合项目的视频与音频序列、特效、字幕和切换效果，如图 3-11 所示。时间轴并非仅用于查看，它也是可交互的。使用鼠标把视频和音频素材、图形和字幕从项目面板拖动到时间轴中即可以构建自己的作品。

图 3-11　时间轴面板

3. 监视器面板

监视器面板主要用于在创建作品时对它进行预览。Premiere Pro CC 2017 提供了 3 种不同的监视器面板：素材源监视器、节目监视器和参考监视器。

- 素材源监视器：素材源监视器显示还未放入时间轴的视频序列中的源影片，如图 3-12 所示。可以使用素材源监视器设置素材的入点和出点，然后将它们插入或覆盖到自己的作品中。素材源监视器也可以显示音频素材的音频波形，如图 3-13 所示。

　　　图 3-12　素材源监视器　　　　　　　　　图 3-13　显示音频波形

- 节目监视器：节目监视器用于显示在时间轴的视频序列中组装的素材、图形、特效和切换效果，如图 3-14 所示。要在节目监视器中播放序列，只需单击窗口中的"播放-停止切换"按钮▶或按空格键即可。如果在 Premiere 中创建了多个序列，可以在节目监视器的序列列表中选择其他序列作为当前的节目内容，如图 3-15 所示。

　　　图 3-14　节目监视器　　　　　　　　　　图 3-15　选择其他序列

- 参考监视器：在许多情况下，参考监视器是另一个节目监视器。许多 Premiere 编辑操作使用它进行颜色和音调调整，因为在参考监视器中查看视频示波器(可以显示色调和饱和度级别)的同时，可以在节目监视器中查看实际的影片，如图 3-16 所示。

4. 音轨混合器面板

使用音轨混合器面板可以混合不同的音频轨道、创建音频特效和录制叙述材料,如图 3-17 所示。使用音轨混合器可以在查看伴随视频的同时混合音频轨道并应用音频特效。

图 3-16　参考监视器

图 3-17　音轨混合器面板

5. 效果面板

使用效果面板可以快速应用多种音频效果、视频效果和视频过渡。例如,在视频过渡文件夹中包含了 3D 运动、伸缩、划像、擦除等过渡类型,如图 3-18 所示。

6. 效果控件面板

使用效果控件面板可以快速创建音频效果、视频效果和视频过渡。例如,在"效果控件"面板中选定一种效果,然后将它拖动到时间轴中的素材上或直接拖到效果控件面板中,就可以对素材添加这种效果。图 3-19 所示的"效果控件"面板包含了其特有的时间轴和一个缩放时间轴的滑块控件。

7. 工具面板

Premiere 工具面板中的工具主要用于在时间轴面板中编辑素材,如图 3-20 所示。在工具面板中单击此工具即可激活它。

图 3-18　效果面板

图 3-19　效果控件面板

图 3-20　工具面板

8. 历史面板

使用 Premiere 的历史面板可以无限制地执行撤销操作。进行编辑工作时，历史面板会记录作品的制作步骤。要返回到项目的以前状态，只需单击历史面板中的历史状态即可，如图 3-21 所示。

单击并重新开始工作之后，历史将会改写——所返回历史状态的所有后续步骤都会从面板中移除，被新步骤取代。如果想在面板中清除所有历史，可以单击面板右方的下拉菜单按钮，然后选择"清除历史记录"命令，如图 3-22 所示。要删除某个历史状态，可以在面板中选中它并单击"删除重做操作"按钮 🗑。

图 3-21　历史面板　　　　　　　　　　　图 3-22　清除历史记录

注意：

如果在历史面板中通过单击某个历史状态来撤销一个动作，然后继续工作，那么所单击状态之后的所有步骤都会从项目中移除。

9. 信息面板

信息面板提供了关于素材和切换效果，乃至时间轴中空白间隙的重要信息。选择一段素材、切换效果或时间轴中的空白间隙，可以在信息面板中查看素材或空白间隙的大小、持续时间以及起点和终点，如图 3-23 所示。

图 3-23　信息面板

10. 字幕窗口

使用 Premiere 的字幕设计可以为视频项目快速创建字幕。也可以使用字幕设计创建动画字幕效果。为了辅助字幕放置，字幕设计可以在所创建字幕的后面显示视频。

选择"窗口"菜单中的"字幕工具"、"字幕样式"、"字幕动作"或"字幕属性"命令，可以在屏幕上打开用于创建字幕的工具和其他选项。字幕工具位于字幕窗口的左上角，纵向显示；字幕动作处于字幕面板中间，如图 3-24 所示。

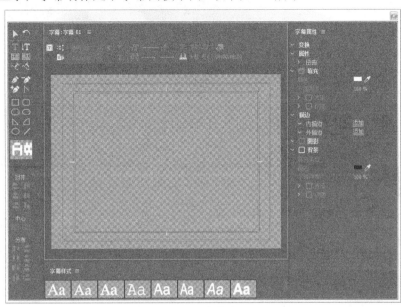

图 3-24　字幕窗口

注意:

选择"文件"|"新建"|"字幕"命令，可以打开"字幕"窗口。如果想编辑时间轴中已存在的字幕，双击此字幕，也可以打开"字幕"窗口，并且可以编辑其中的字幕内容。

3.2.3　Premiere Pro CC 2017 的界面操作

Premiere Pro CC 2017 的所有面板都可以任意编组或停放。停放面板时，它们会连接在一起，因此调整一个面板的大小时，会改变另一个面板的大小。图 3-25 和图 3-26 显示的是调整节目监视器大小前后的对比效果，在扩大效果控件面板时，会使节目监视器面板变小。

1. 调整面板大小

要调整面板的大小，可以使用鼠标拖动面板之间的分隔线，可以左右拖动面板间的纵向边界，或上下拖动面板间的横向边界，改变面板的大小。

图 3-25　调整面板大小前

图 3-26　调整面板大小后

【练习 3-2】调整各个面板的大小。

(1) 启动 Premiere Pro CC 2017 应用程序，进入"开始"界面，单击"打开项目"选项，如图 3-27 示，或者在进入工作界面后，选择"文件"｜"打开项目"命令，打开"打开项目"对话框，如图 3-28 所示。

图 3-27　单击"打开项目"选项

图 3-28　"打开项目"对话框

(2) 在"打开项目"对话框中选择"01.prproj"素材文件，然后单击"打开"按钮，将其打开，效果如图 3-29 所示。

图 3-29　打开素材文件

(3) 将光标移动到工具面板和时间轴面板之间，然后向右拖动面板间的边界，改变工具面板和时间轴面板的大小，如图 3-30 所示。

图 3-30　左右调整面板边界

(4) 将光标移动到监视器面板和项目面板之间，然后向下拖动面板间的边界，改变监视器面板和项目面板的大小，如图 3-31 所示。

2. 面板的编组与停靠

单击选项面板左上角的缩进点并拖动面板，可以在一个组中添加或移除面板。如果想将一个面板停到另一个面板上，可以单击并将它拖动到目标面板的顶部、底部、左侧或右侧。在停靠面板的暗色预览出现后再考虑释放鼠标。

图 3-31　上下调整面板边界

【练习 3-3】 改变面板的位置和对面板进行编组。

(1) 打开"01.prproj"素材文件，单击并拖动源监视器面板到节目监视器面板中，可以将源监视器面板添加到节目监视器面板组中，如图 3-32 所示。

图 3-32　拖动源监视器面板

(2) 单击并拖动源监视器面板到节目监视器面板的右方，可以改变源监视器面板和节目监视器面板的位置，如图 3-33 所示。

图 3-33 改变源监视器面板的位置

注意：

在拖动面板进行编组的过程中，如果对结果满意，则释放鼠标；如果不满意，则按 Esc 键取消操作。如果想将一个面板从当前编组中移除，可以将其拖动到其他地方，从而将其从当前编组中移除。

3. 创建浮动面板

在面板标题处单击鼠标右键，或者单击面板右方的下拉菜单按钮 ，在弹出的菜单中选择"浮动窗口"命令，可以将当前的面板创建为浮动窗口。

【练习 3-4】将面板创建为浮动面板。

(1) 打开"01.prproj"素材文件，选中节目监视器面板，在节目监视器面板的标题处单击鼠标右键，或者单击面板右方的下拉菜单按钮 ，将弹出快捷菜单，如图 3-34 所示。

(2) 在弹出的菜单中选择"浮动面板"命令，即可将"节目监视器"面板创建为浮动面板，如图 3-35 所示。

图 3-34 弹出快捷菜单

图 3-35 浮动面板

4. 打开和关闭面板

有时 Premiere 的主要面板会自动在屏幕上打开。如果想关闭某个面板，可以单击其关闭图标；如果想打开被关闭的面板，可以在"窗口"菜单中选择相应的名称将其打开。

【练习3-5】打开和关闭指定的面板。

(1) 打开"01.prproj"素材文件，单击节目监视器面板中的快捷菜单 ≡，在弹出的菜单中选择"关闭"命令，如图3-36所示，即可关闭"节目监视器"面板，如图3-37所示。

图3-36　选择"关闭"命令　　　　　　　图3-37　关闭"节目监视器"面板

(2) 单击"窗口"菜单，在菜单中可以看到"节目监视器"命令前方没有√标记，表示该面板已被关闭，再次选择该命令，可以打开该面板，如图3-38所示。

图3-38　选择要打开的面板

注意：

如果改变了面板在屏幕上的大小和位置，通过选择"窗口"｜"工作区"｜"重置当前工作区"命令可以返回初始设置；如果已经在特定位置按特定大小组织好了窗口，选择"窗口"｜"工作区"｜"新建工作区"命令，可以保存此配置。在命名与保存工作区之后，工作区的名称出现在"窗口"｜"工作区"子菜单中。无论何时想使用此工作区，只需单击其名称即可。

3.3 影视制作前的准备

在进行影视制作之前，应该做好剧本的策划和收集素材的准备。

3.3.1 策划剧本

剧本的策划重点在于创作的构思，是一部影片的灵魂所在。当脑海中有了一个绝妙的构思后，应该马上用笔把它描述出来，这就是通常所说的影片的剧本。

剧本的策划是制作一部优秀的视频作品的首要工作。在编写剧本时，首先要拟定一个比较详细的提纲，然后根据这个提纲做好尽量详细的细节描述，作为在 Premiere 中进行编辑过程的参考指导。

3.3.2 准备素材

素材是组成视频节目的各个部分，Premiere 所做的工作只是将其穿插组合成一个连贯的整体。

通过 DV 摄像机，可以将拍摄的视频内容通过数据线直接保存到计算机中来获取素材，旧式摄像机拍摄出来的影片还需要进行视频采集才能存入计算机。根据脚本的内容将素材收集齐备后，将这些素材保存到计算机中指定的文件夹，以便管理，然后便可以开始影视制作和编辑工作了。

在 Premiere 中经常使用的素材如下：

- 通过视频采集卡采集的数字视频 AVI 文件。
- 由 Premiere 或其他视频编辑软件生成的 AVI 和 MOV 文件。
- WAV 格式和 MP3 格式的音频数据文件。
- 无伴音的 FLC 或 FLI 格式文件。
- 各种格式的静态图像，包括 BMP、JPG、TIF、PSD、PCX 等。
- FLM(Filmstrip)格式的文件。
- 由 Premiere 制作的字幕(Title)文件。

3.4 Premiere 视频编辑的基本流程

本节将介绍运用 Premiere 进行视频编辑的过程。通过本节的学习，读者可以了解到如何一步一步地制作出完整的视频影片。

3.4.1 制定脚本

要制作出一部完整的影片，必须先具备创作构思和素材这两个要素。创作构思是一部影片的灵魂，素材则是组成它的各个部分，Premiere 所做的只是将其穿插组合成一个连贯的整体。

脚本也就是通常所说的影片的剧本。在编写脚本时，首先要拟定一个比较详细的提纲，然后根据这个提纲做好尽量详细的细节描述，作为在 Premiere 中进行编辑过程的参考指导。脚本的形式有很多种，比如绘画式、小说式等。

3.4.2　收集素材

在 Premiere 中可以使用的素材有：图像、字幕文件、WAV 或 MP3 格式的声音文件，以及 AVI 或 MOV 格式的影片等。通过 DV 摄像机，可以将拍摄的视频内容通过数据线直接保存到计算机中来获取素材，旧式摄像机拍摄出来的影片还需要进行视频采集才能存入计算机。根据脚本的内容将素材收集齐备后，将这些素材保存到计算机中指定的文件夹，以便管理，然后便可以开始视频编辑工作了。

3.4.3　建立项目

Premiere 数字视频作品在此称为项目而不是视频产品，其原因是使用 Premiere 不仅能创建作品，还可以管理作品资源，以及创建和存储字幕、切换效果和特效。因此，工作的文件不仅仅是一份作品，事实上是一个项目。在 Premiere 中创建一份数字视频作品的第一步是新建一个项目。

在 Premiere 项目中可以放置并编辑视频、音频和静帧图像，因为它们是数字格式。所有的媒体影片或称为素材，必须先保存在磁盘上。打开 Premiere 的"项目"面板之后，就可以导入各种图形与声音元素，以组成自己的数字视频作品。

3.4.4　创建序列

序列是指作品的视频、音频、特效和切换效果等各组成部分的顺序集合。在序列中对素材进行编辑，是视频编辑的重要环节。建立好项目并导入素材后，就需要创建序列，随后即可在序列中组接素材，并对素材进行编辑。

3.4.5　应用效果

在编辑视频节目的过程中，使用视频过渡效果能使素材间的连接更加和谐、自然；对素材使用视频效果可以使一个影视片段的视觉效果更加丰富多彩。对素材使用效果后，可以在效果控件面板中进行编辑。

3.4.6　编辑音频

将音频素材导入到时间线面板中后，如果音频的长度与视频不相符合，用户可以通过编辑音频的持续时间改变音频长度，但是，音频的节奏也将发生相应的变化。如果音频过长，则可以通过剪切多余的音频内容来修改音频的长度。

3.4.7　生成影片

生成影片是将编辑好的项目文件以视频的格式输出，输出的效果通常是动态的且带有音频效果。在输出影片时需要根据实际需要为影片选择一种压缩格式。在输出影片之前，应先做好项目的保存工作，并对影片的效果进行预览。

3.5　本章小结

本章主要介绍了 Premiere Pro CC 2017 的基础知识，读者需要了解 Premiere 的运用领域和工作流程，认识 Premiere Pro CC 2017 的工作界面，掌握 Premiere Pro CC 2017 的安装和卸载方法以及对工作界面的调整操作。

3.6　思考与练习

1. Premiere Pro CC 2017 提供了＿＿＿＿＿＿、＿＿＿＿＿＿和参考监视器 3 种不同的监视器面板。

2. 使用效果面板可以快速应用多种音频效果、＿＿＿＿＿＿和＿＿＿＿＿＿。

3. 如何安装 Premiere Pro CC 2017 应用程序？

4. 使用 Premiere 可以执行哪些任务？

5. Premiere 经常使用的素材包括哪些？

6. Premiere 视频编辑的基本流程包括哪几个主要内容？

7. 启动 Premiere Pro CC 2017，参照如图 3-39 所示的效果，对 Premiere Pro CC 2017 的工作界面进行调整。

图 3-39　调整工作界面

第4章 Premiere程序设置

在 Premiere 中可以进行界面外观、功能参数等设置,还可以为命令、工具和面板功能自定义快捷键,从而提高工作效率。本章将学习 Premiere 首选项设置,以及创建自己的键盘快捷方式。

4.1 首选项设置

首选项用于设置 Premiere 的外观、功能等效果,用户可以根据自己的习惯及项目编辑需要,对相关的首选项进行设置。

4.1.1 常规设置

选择“编辑”|“首选项”命令,在“首选项”菜单的子命令中可以选择各个选项对象,如图 4-1 所示。在“首选项”菜单的子命令中选择“常规”命令,可以打开“首选项”对话框,并显示常规选项的内容,在此可以设置一些通用的项目选项,如图 4-2 所示。

图 4-1　首选项菜单命令

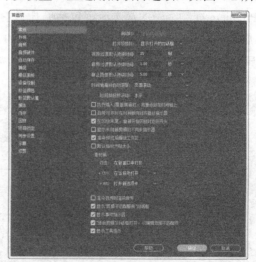

图 4-2　常规选项

常规设置中主要选项的作用如下:

- 启动时:用于设置启动 Premiere 后,是进入启动画面还是直接打开最近使用过的文件项目,如图 4-3 所示。
- 视频过渡默认持续时间:设置视频过渡的默认持续时间,系统默认为 25 帧。
- 音频过渡默认持续时间:设置音频过渡的默认持续时间,系统默认为 1 秒。

- 静止图像默认持续时间：设置静止图像的默认持续时间，系统默认为 125 帧。
- 时间轴播放自动滚屏：设置时间轴回放自动卷轴的方式，包括"页面滚动"、"不滚动"和"平滑滚动"3 种方式，如图 4-4 所示。
- 素材箱：用于设置关于文件夹管理的 3 组操作所对应的结果。

图 4-3　设置启动选项

图 4-4　时间轴滚屏方式

4.1.2　外观设置

在"首选项"对话框中选择"外观"选项，然后拖动"亮度"选项组的滑块，可以修改 Premiere 操作界面的亮度，如图 4-5 所示。

4.1.3　音频设置

在"首选项"对话框中选择"音频"选项，可以设置音频的播放方式及轨道等参数，如图 4-6 所示。

图 4-5　设置界面亮度

图 4-6　设置音频选项

音频设置中主要选项的作用如下：

- 自动匹配时间：设置声音文件与软件的匹配时长，系统默认为 1 秒。
- 5.1 混音类型：设置 5.1 音频播放声音时音频的 4 种混合方式，如图 4-7 所示。

4.1.4　自动保存

在"首选项"对话框中选择"自动保存"选项，可以设置项目文件自动保存的时间间隔和最大保存项目数，如图 4-8 所示。

图 4-7　5.1 混音类型

图 4-8　设置自动保存

4.1.5　捕捉设置

在"首选项"对话框中选择"捕捉"选项，可以在视频和音频的采集过程中对可能出现的问题进行设置，如图 4-9 所示。

4.1.6　设备控制

在"首选项"对话框中选择"设备控制"选项，可以设置设备的控制程序及相关选项。单击"设备"下拉列表框，可以选择设备对象，如图 4-10 所示。

图 4-9　捕捉设置

图 4-10　设备控制设置

4.1.7　标签设置

在"首选项"对话框中选择"标签颜色"选项，可以设置标签的具体颜色，如图 4-11 所示；在"首选项"对话框中选择"标签默认值"选项，可以设置素材箱(即文件夹)、序列、视频、音频、影片、静止图像等对象所对应的标签颜色，如图 4-12 所示。

图 4-11　设置标签的具体颜色

图 4-12　设置对应的标签颜色

4.1.8　媒体设置

在"首选项"对话框中选择"媒体"选项，可以设置媒体的缓存空间及其他媒体的相关选项，如图 4-13 所示。

4.1.9　内存设置

在"首选项"对话框中选择"内存"选项，可以设置分配给 Adobe 相关软件产品使用的内存，以及优化渲染的方式，如图 4-14 所示。

图 4-13　媒体设置

图 4-14　内存设置

4.1.10　字幕设置

在"首选项"对话框中选择"字幕"选项，可以设置字幕设计器显示的字体样式，如图 4-15 所示。

4.1.11　修剪设置

在"首选项"对话框中选择"修剪"选项，可以设置修剪素材时的偏移量，如图 4-16 所示。

图 4-15　字幕设置

图 4-16　修剪设置

4.2　设置键盘快捷键

使用键盘快捷方式可以提高工作效率。Premiere 为激活工具、打开面板以及访问大多数菜单命令都提供了键盘快捷方式。这些命令是预置的，但也可以进行修改。另外，用户还可以创建 Premiere 操作的键盘命令。

4.2.1 自定义菜单命令快捷键

选择"编辑"|"快捷键"命令，打开"键盘快捷键"对话框，在该对话框中可以修改或创建"应用程序"、"面板"和"工具"3 个部分的快捷键，如图 4-17 所示。

图 4-17 "键盘快捷键"对话框

默认状态下，"键盘快捷键"对话框中显示了"应用程序"类型的键盘命令。要更改或创建其中的键盘设置，单击下方列表中的三角形按钮，展开包含相应命令的菜单标题，然后对其进行相应的修改或创建操作即可。

【练习 4-1】自定义命令快捷键。

(1) 选择"编辑"|"快捷键"命令，打开"键盘快捷键"对话框，在"命令"下拉列表中选择"应用程序"选项，然后在面板下方的"命令"列表中展开需要的命令菜单(例如，单击"序列"菜单命令选项后面的三角形按钮，展开其中的命令选项，如图 4-18 所示。

图 4-18 展开"序列"菜单

(2) 双击要创建快捷键的命令(如"序列设置"),然后在"快捷键"列表中单击命令后面对应的文本框██████,如图 4-19 所示。

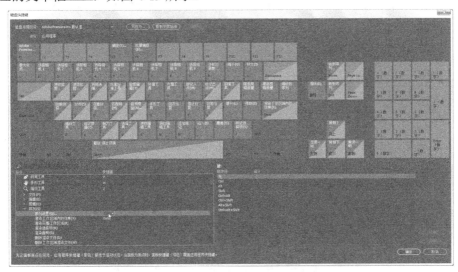

图 4-19　指定要创建快捷键的命令

(3) 按下一个功能键或组合键(如"Ctrl+P"),为指定的命令创建键盘快捷键,如图 4-20 所示。然后单击"确定"按钮即可为选择的命令创建一个相应的快捷键。

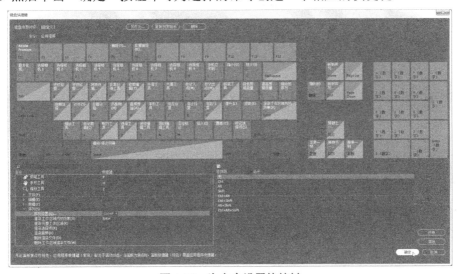

图 4-20　为命令设置快捷键

【练习 4-2】修改命令快捷键。

(1) 选择"编辑"|"快捷键"命令,打开"键盘快捷键"对话框,在下方的"命令"列表中选择要修改快捷键的菜单命令(例如,单击"编辑"菜单命令下的"全选"命令),然后单击命令后面的快捷键文本框,将其激活,如图 4-21 所示。

(2) 重新按下一个功能键或组合键(如"Ctrl+Shift+Q"),重设该命令的键盘快捷键,此时将增加一个快捷键文本框,如图 4-22 所示。

图 4-21　激活要修改的命令快捷键

图 4-22　重设命令的键盘快捷键

(3) 单击该命令原来快捷键文本框右方的删除按钮 ，将原有的命令快捷键删除，然后单击"确定"按钮即可修改该命令的快捷键，如图 4-23 所示。

图 4-23　修改命令的键盘快捷键

4.2.2　自定义工具快捷键

Premiere 为每个工具提供了键盘快捷键。在"键盘快捷键"对话框的"命令"下拉列表中选择"应用程序"选项，然后在下方的"命令"列表框中可以重新设置各个工具的快捷键，如图 4-24 所示。

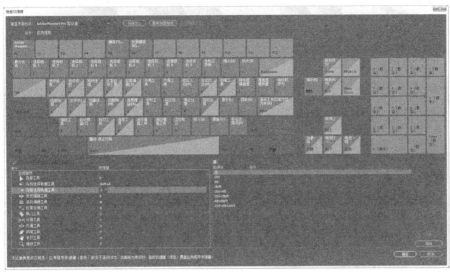

图 4-24　工具的键盘快捷键

4.2.3　自定义面板快捷键

要创建或修改面板的键盘命令，可以在"键盘快捷键"对话框的"命令"下拉列表中选择对应的面板选项(如"时间轴面板")，如图 4-25 所示。即可在下方的"命令"列表中对该面板中的各个功能进行快捷键设置，如图 4-26 所示。

图 4-25　选择面板选项

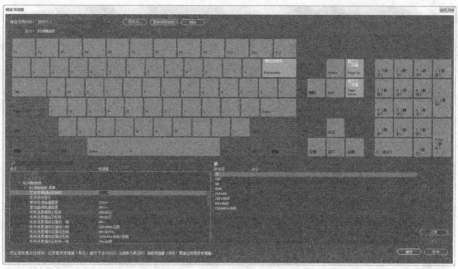

图 4-26　自定义面板快捷键

4.2.4　保存自定义快捷键

更改键盘命令后，在"键盘快捷键"对话框的"键盘布局预设"下拉列表中选择"自定义"选项，如图 4-27 所示。然后在弹出的"键盘布局设置"对话框中设置键盘布局预设名称并单击"确定"，如图 4-28 所示，即可添加并保存自定义设置，从而可以避免改写 Premiere 的默认设置。

图 4-27　添加新的自定义设置

图 4-28　保存自定义设置

注意：

如果快捷键设置错误或者想删除某个命令快捷键，只需在"键盘快捷键"对话框中选择该快捷键后，单击"清除"按钮即可。另外，用户也可以单击"键盘快捷键"对话框中的"还原"按钮，撤消快捷键的设置操作。

4.2.5　载入自定义快捷键

保存自定义快捷键后，在下次启动 Premiere 时，可以通过"键盘快捷键"对话框载入自定义的快捷键。

在"键盘快捷键"对话框的"键盘布局预设"下拉列表中选择自定义的快捷键(如"自定义 2")选项，如图 4-29 所示，即可载入自定义快捷键。

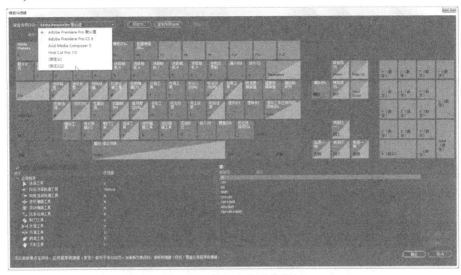

图 4-29　载入自定义快捷键

注意：

在"键盘快捷键"对话框的"键盘布局预设"下拉列表中选择 Adobe Premiere CS6、Avid Media Composer5 等其他应用程序，可以载入相应程序的预设快捷键。

4.3　本章小结

本章主要介绍了 Premiere Pro CC 2017 的界面外观、功能等设置，以及为命令、工具和面板功能自定义快捷键。读者需要掌握 Premiere 的常规设置和自定义快捷键的方法，包括视频过渡、音频过渡、静止图像默认持续时间的设置，界面外观的设置，命令、工具和面板功能的快捷键设置等。

4.4　思考与练习

1. 在 Premiere Pro CC 2017 中，视频过渡默认持续时间为_____帧。

2. 在 Premiere Pro CC 2017 中，音频过渡默认持续时间为_____秒。

3. 在 Premiere Pro CC 2017 中，静止图像默认持续时间为_____帧。

4. 在 Premiere Pro CC 2017 中，如何修改视频过渡、音频过渡和静止图像的默认持续时间？

5. 如何设置 Premiere Pro CC 2017 操作界面的亮度？

6. 如何设置 Premiere Pro CC 2017 的自动保存时间间隔和最大保存项目数？

7. 如何修改或创建 Premiere Pro CC 2017 命令、工具和面板功能的键盘快捷键？

8. 启动 Premiere Pro CC 2017，参照如图 4-30 所示的效果，对 Premiere Pro CC 2017 工作界面的外观亮度进行调整。

图 4-30　调整工作界面的亮度

第5章　项目与素材管理

使用 Premiere 进行视频编辑，首先需要创建项目对象，将需要的素材导入项目面板中进行管理，以便进行视频编辑时调用。

本章将介绍 Premiere Pro CC 2017 项目与素材管理，包括新建项目文件、项目面板的应用、创建与编辑 Premiere 背景元素等。

5.1　新建 Premiere 项目

新建 Premiere 项目文件有两种方式：一是在开始界面中新建项目文件；二是在进入工作界面后，使用菜单命令新建项目文件。

5.1.1　在开始界面中新建项目

启动 Premiere Pro CC 2017 应用程序后，在打开的开始界面中单击"新建项目"选项，如图 5-1 所示，即可打开"新建项目"对话框，如图 5-2 所示。

图 5-1　单击"新建项目"选项　　　　　图 5-2　"新建项目"对话框

在"新建项目"对话框的"常规"选项卡中，主要选项的作用如下：

- 名称：用于对新项目进行命名。
- 位置：用于选择存储该项目的位置。单击"浏览"按钮，在弹出的"浏览文件夹"对话框中指定文件的存储路径即可，如图 5-3 所示。
- 显示格式(视频)：本设置决定了帧在时间轴面板中播放时，Premiere 所使用的帧数，以及是否使用丢帧或不丢帧时间码，如图 5-4 所示。

图 5-3 选择存储项目的位置　　　　　图 5-4 显示格式

- 显示格式(音频)：使用音频显示格式可以将音频单位设置为毫秒或音频采样。就像视频中的帧一样，音频采样是用于编辑的最小增量。
- 捕捉格式：在"捕捉格式"下拉列表中可以选择所要采集视频或音频的格式，其中包括"DV"和"HDV"两种格式。

在"新建项目"对话框中选择"暂存盘"选项卡，可以设置视频和音频的采集路径，如图 5-5 所示。

- 捕捉的视频：存放视频采集文件的地方，默认为相同项目，也就是与 Premiere 主程序所在的目录相同。单击"浏览"按钮可以更改路径。
- 捕捉的音频：存放音频采集文件的地方，默认为相同项目，也就是与 Premiere 主程序所在的目录相同。单击"浏览"按钮可以更改路径。
- 视频预览：放置预演影片的文件夹。
- 音频预览：放置预演声音的文件夹。
- 项目自动保存：在编辑视频的过程中，项目临时文件的保存位置。

在"新建项目"对话框中选择"收录设置"选项卡，可以对收录参数进行设置，如图 5-6 所示。在"新建项目"对话框中完成各项设置后，单击"确定"按钮，即可进入 Premiere Pro CC 2017 工作界面，并创建新的项目。

图 5-5 选择"暂存盘"选项卡　　　　　图 5-6 选择"收录设置"选项卡

5.1.2　使用菜单命令新建项目

在进入 Premiere Pro CC 2017 工作界面后，如果要新建一个项目文件，可以选择"文件"|"新建"|"项目"命令，打开"新建项目"对话框，创建新的项目文件。

【练习 5-1】新建一个项目文件。

(1) 启动 Premiere Pro CC 2017 应用程序，进入工作界面后，选择"文件"|"打开项目"命令，如图 5-7 所示。

(2) 在打开的"新建项目"对话框中输入项目的名称，如图 5-8 所示。

图 5-7　选择菜单命令

图 5-8　输入新项目的名称

(3) 单击"位置"选项后面的"浏览"按钮，打开"请选择新项目的目标路径"对话框，然后选择要保存项目的文件夹，如图 5-9 所示。

(4) 返回"新建项目"对话框，单击"确定"按钮，即可完成新建项目的操作。在项目面板中将显示新建的项目对象，如图 5-10 所示。

图 5-9　选择保存项目的位置

图 5-10　新建的项目

5.2　导入素材

Premiere Pro CC 2017 是通过组合素材的方法来编辑影视作品的，因此，在进行视频编辑的过程中，通常会使用到很多素材文件，在进行影视编辑之前，就需要将这些素材导入到项目面板中。导入素材可以通过菜单命令或是在项目面板中的空白处双击鼠标进行操作。

5.2.1　导入一般类型的素材

这里所讲的一般类型的素材是指适用于 Premiere Pro CC 2017 常用文件格式的素材，以及文件夹和字幕文件等。

【练习 5-2】导入图像和声音素材。

(1) 启动 Premiere Pro CC 2017 应用程序，新建一个名为"练习 5-2"的项目。

(2) 在项目面板中的空白处双击鼠标，或是单击鼠标右键，在弹出的快捷菜单中选择"导入"命令，如图 5-11 所示。

(3) 在打开的"导入"对话框中选择素材存放的位置，然后选择要导入的素材，如图 5-12 所示。

图 5-11　选择菜单命令

图 5-12　选择素材

(4) 在"导入"对话框中选择素材后，单击"打开"按钮，即可将选择的素材导入项目面板中，如图 5-13 所示。

注意：

在导入媒体素材时，如果文件导入失败，通常是因为在计算机中没有安装相应的视频解码器，这时只需要下载并安装相应的视频解码器即可。例如，当出现如图 5-14 所示的情况时，只需要下载并安装 QuickTime 播放器即可。

图 5-13　导入素材

图 5-14　文件导入失败提示

5.2.2　导入静帧序列素材

静帧序列素材是指按照名称编号顺序排列的一组格式相同的静态图片，每帧图片的内容之间有着时间延续上的关系。

【练习 5-3】导入静帧序列图片。

(1) 选择"文件"|"新建"|"项目"命令，新建一个名为"练习 5-3"的项目。

(2) 选择"文件"|"导入"命令，在打开的"导入"对话框中选择素材存放的位置，然后选择静帧序列图片中的任意一张图片，再选中"图像序列"复选框，如图 5-15 所示。

(3) 在"导入"对话框中单击"打开"按钮，即可将指定文件夹中的序列图片以影片形式导入到项目面板中，如图 5-16 所示。

图 5-15　选中"图像序列"复选框　　　　图 5-16　导入序列素材

5.2.3　导入 PSD 格式素材

Premiere Pro CC 2017 可以支持多种文件格式，但是导入 PSD 格式的素材时，需要指定导入的图层或者在合并图层后将素材导入到项目面板中。

【练习 5-4】导入 PSD 图像。

(1) 选择"文件"|"新建"|"项目"命令，新建一个名为"练习 5-4"的项目。

(2) 选择"文件"|"导入"命令，在打开的"导入"对话框中选择并打开"荷花.PSD"素材，如图 5-17 所示。

(3) 在打开的"导入分层文件：荷花"对话框中设置导入 PSD 素材的方式为"合并所有图层"，如图 5-18 所示。

图 5-17　选择 PSD 素材　　　　　　　　图 5-18　设置导入方式

(4) 在"导入分层文件：荷花"对话框中单击"确定"按钮，即可将 PSD 素材图像以合并图层后的效果导入到项目面板中，如图 5-19 所示。

(5) 也可在"导入分层文件：荷花"对话框中单击"导入为"选项的下拉列表框，在下拉列表中选择"各个图层"选项，如图 5-20 所示。

图 5-19　导入合并图像

图 5-20　选择"各个图层"选项

(6) 在"导入分层文件：荷花"对话框中的图层列表中选择要导入的图层，如图 5-21 所示。

(7) 单击"确定"按钮，即可将选中的图层导入到项目面板中，导入的图层素材将自动存放在以素材命名的文件夹中，如图 5-22 所示。

图 5-21　选中图层

图 5-22　导入图层素材

5.2.4　嵌套导入项目

Premiere Pro CC 2017 不仅能导入各种媒体素材，还可以在一个项目文件中以素材形式导入另一个项目文件，后面这种导入方式称为嵌套导入。

【练习 5-5】嵌套导入项目文件。

(1) 选择"文件"|"新建"|"项目"命令，新建一个名为"练习 5-5"的项目。

(2) 选择"文件"|"导入"命令，在打开的"导入"对话框中选择要导入的项目文件，如图 5-23 所示的练习文件。

(3) 在"导入项目"对话框中选择导入整个项目，如图 5-24 所示，然后单击"确定"按钮，即可将选择的项目导入到项目面板中，导入的项目包含了其中的素材，如图 5-25 所示。

图 5-23　选中项目文件　　　图 5-24　选择导入类型　　　图 5-25　导入项目文件

5.3　管理素材

素材管理是影视编辑过程中的一个重要环节，在项目面板中对素材进行合理的管理，可以为后期的影视编辑工作带来事半功倍的效果。

5.3.1　应用素材箱管理素材

Premiere Pro CC 2017 项目面板中的素材箱类似于 Windows 操作系统中的文件夹，用于对项目面板中的各种文件进行分类管理。

1. 创建素材箱

当项目面板中的素材过多时，就应该创建素材箱来对素材进行分类管理。在项目面板中创建素材箱有如下 3 种常用方法：

- 选择"文件"|"新建"|"素材箱"命令。
- 在项目面板中的空白处单击鼠标右键，在弹出的菜单中选择"新建素材箱"命令，如图 5-26 所示。
- 单击项目面板右下方的"新建素材箱"按钮，即可创建一个素材箱，创建的素材箱依次以"素材箱 01"、"素材箱 02"……作为默认名称，用户可以在激活名称的情况下对素材进行重命名，如图 5-27 所示。

图 5-26　选择命令　　　　　　　图 5-27　新建素材箱

2. 分类管理素材

如果导入了一个素材文件夹，那么 Premiere 将为素材创建一个新文件夹，并使用原文件夹的名称。用户也可以在项目面板中新建素材箱，用于分类存放导入素材的文件夹。

【练习 5-6】对影音素材进行分类管理。

(1) 选择"文件"|"新建"|"项目"命令，新建一个名为"练习 5-6"的项目。

(2) 在项目面板中导入图像、视频和音乐素材，如图 5-28 所示。

(3) 单击"项目"面板中的"新建素材箱"按钮，并将新建的文件夹命名为"风景"，然后按 Enter 键进行确定，完成文件夹的创建，如图 5-29 所示。

图 5-28　导入素材　　　　　　　　　　　　图 5-29　新建素材箱

(4) 选择项目面板中的"风景"图像，将其拖动到"风景"素材箱上，如图 5-30 所示，即可将选择的图像放入"风景"素材箱中，如图 5-31 所示。

图 5-30　拖动素材到素材箱上　　　　　　　图 5-31　将素材放入素材箱中

(5) 继续创建名为"粒子"和"音乐"的素材箱，并将素材拖入相应的素材箱中，如图 5-32 所示。

(6) 单击各个素材箱前面的三角形按钮，可以折叠素材箱，隐藏其中的内容，如图 5-33 所示。

图 5-32　分类存放素材　　　　　　　　　　　图 5-33　折叠素材箱

(7) 单击折叠素材箱前面的三角形按钮，即可展开素材箱中的内容，如图 5-34 所示。

(8) 双击"风景"素材箱，可以打开素材箱对话框，单击显示该素材箱中的内容，如图 5-35 所示。

图 5-34　展开素材箱　　　　　　　　　　　图 5-35　打开素材箱对话框

提示：

将素材放入素材箱，可以对素材箱中的素材进行统一管理和修改。例如，在选中素材箱对象后，按 Delete 键，可以删除指定的素材箱及其内容；也可以在选择素材箱后，一次性对素材箱中素材的速度和持续时间进行修改。

5.3.2　切换图标和列表视图

在项目面板中可以图标格式或列表格式显示项目中的元素对象。

【练习 5-7】在项目面板中进行图标和列表视图切换。

(1) 打开前面创建的"练习 5-6.prproj"文件，单击"项目"面板左下方的"图标视图"按钮，所有作品元素都将以图标格式出现在屏幕上，如图 5-36 所示。

(2) 单击面板左下方的"列表视图"按钮，作品元素将以列表格式出现在屏幕上，如图 5-37 所示。

图 5-36　图标视图

图 5-37　列表视图

5.3.3　使用脱机文件

脱机文件是当前并不存在的素材文件的占位符，可以记忆丢失的源素材信息。在视频编辑中遇到素材文件丢失时，不会毁坏已编辑好的项目文件。脱机文件在项目面板中显示的媒体类型信息为问号，如图 5-38 所示；脱机文件在节目监视器窗口中显示为媒体脱机信息，如图 5-39 所示。

图 5-38　脱机文件

图 5-39　媒体脱机信息

注意:

脱机文件只起到占位符的作用。在节目的合成中没有实际内容，如果最后要在 Premiere 中输出的话，要将脱机文件用需要的素材替换，或定位链接计算机中的素材。

【练习 5-8】链接脱机文件。

(1) 打开"练习 5-8.prproj"项目文件，项目面板中的"鲜花盛开.MOV"素材为脱机文件，如图 5-40 所示。

(2) 在脱机素材上单击鼠标右键，在弹出的菜单中选择"链接素材"命令，如图 5-41 所示。

<table>
<tr><td>图 5-40　打开项目文件</td><td>图 5-41　选择命令</td></tr>
</table>

(3) 在打开的"链接媒体"对话框中单击"查找"按钮，如图 5-42 所示。

图 5-42　单击"查找"按钮

(4) 在打开的查找对话框中找到并选择"鲜花盛开.MOV"素材，如图 5-43 所示。

图 5-43　选择链接素材

(5) 单击对话框中的"确定"按钮，即可完成脱机文件的链接，效果如图 5-44 所示。

图 5-44　链接脱机文件

【练习 5-9】素材的脱机与替换。

(1) 打开"练习 5-9.prproj"项目文件，在项目面板的"照片 1.jpg"素材上单击鼠标右键，在弹出的菜单中选择"设为脱机"命令，如图 5-45 所示。

(2) 在打开的"设为脱机"对话框中选中"在磁盘上保留媒体文件"单选按钮，然后进行确定，将指定的素材设置为脱机，如图 5-46 所示。

图 5-45　选择命令

图 5-46　设为脱机

(3) 将"照片 1.jpg"素材设为脱机的效果如图 5-47 所示。

(4) 在脱机素材上单击鼠标右键，在弹出的菜单中选择"替换素材"命令，如图 5-48 所示。

图 5-47　脱机效果

图 5-48　选择命令

(5) 在打开的对话框中选择"照片 2.jpg"作为替换素材，如图 5-49 所示。"照片 2.jpg"将在项目面板中替换"照片 1.jpg"，效果如图 5-50 所示。

图 5-49　选择替换素材

图 5-50　替换素材

注意：

如果仅仅是要替换项目中的某个素材，可以在原素材上单击鼠标右键，然后在弹出的菜单中选择"替换素材"命令，直接进行素材的替换即可。

5.3.4　修改素材持续时间

选择"项目"面板上的素材，然后选择"剪辑"|"速度/持续时间"命令，或者右键单击"项目"面板上的素材，在弹出的菜单中选择"速度/持续时间"命令，如图 5-51 所示。打开"剪辑速度/持续时间"对话框，输入一个持续时间值并确定，如图 5-52 所示，即可对素材设置新的持续时间。

图 5-51　选择"速度/持续时间"命令　　　　　图 5-52　输入持续时间值

"剪辑速度/持续时间"对话框中的持续时间"00:00:15:00"，表示对象的持续时间为 15 秒。单击对话框中的"链接"按钮 🔗，可以解除速度和持续时间之间的约束链接。

注意：

默认情况下，在 Premiere 中导入的静止图像的持续时间为 5 秒。用户不仅可以在"项目"面板中修改静止图像的持续时间，还可以在导入静止图像之前，修改导入静止图像的默认持续时间。选择"编辑"|"首选项"|"常规"命令，打开"首选项"对话框，在"静止图像默认持续时间"文本框中输入新值，即可修改导入静止图像的默认持续时间。

5.3.5　修改影片素材播放速度

使用 Premiere 可以对视频素材的播放速度进行修改。打开"素材速度/持续时间"对话框，在"速度"字段中输入大于 100%的数值会加快视频素材的播放速度，输入 0 到 99%之间的数值将减慢视频素材的播放速度。

【练习 5-10】修改影片的播放速度。

(1) 新建一个项目文件，导入"虚拟季节.mov"视频素材，如图 5-53 所示。

(2) 选择"项目"面板上的"虚拟季节.mov"视频素材。然后选择"剪辑"|"速度/持续时间"命令，打开"剪辑速度/持续时间"对话框，修改速度为 50%，如图 5-54 所示。

(3) 修改速度后单击"确定"按钮，即可将素材的速度修改为原速度的 50%。由于视频的速度与持续时间成反比，因此视频速度变慢后，其持续时间将变长，如图 5-55 所示。

图 5-53　导入素材

图 5-54　修改速度

图 5-55　持续时间与速度成反比

注意:

在"剪辑速度/持续时间"对话框选中"倒放速度"复选框,可以反向播放素材。

5.3.6　重命名素材

对素材文件进行重命名,可以让素材的使用变得更加方便、准确。在项目面板中选择素材后,单击素材的名称,即可激活素材名称,如图 5-56 所示。此时只需要输入新的文件名称,如图 5-57 所示,然后按下 Enter 键即可完成素材的重命名操作。

图 5-56　激活名称

图 5-57　输入新的名称

5.3.7　清除素材

在影视编辑过程中,清除多余的素材,可以减少管理素材的复杂程度。在 Premiere 中清除素材的常用方法有如下 3 种:

- 在项目面板中通过右键单击素材,在弹出的菜单中选择"清除"命令。
- 在项目面板中选择要清除的素材,然后单击"清除"按钮📁。
- 选择"项目"|"移除未使用的资源"命令,可以将未使用的素材清除。

5.4　创建 Premiere 背景元素

在使用 Premiere 进行视频编辑的过程中,借助 Premiere 自带的彩条、颜色遮罩等对象,可以为文本或图像创建透明视频、彩条、颜色遮罩、背景元素。

5.4.1　创建透明视频

　　新建一个项目文件，然后选择"文件"|"新建"|"透明视频"命令，打开"新建透明视频"对话框，如图 5-58 所示。在"新建透明视频"对话框中设置视频宽度和高度等信息后，单击"确定"按钮，即可创建一个"透明视频"素材，该素材将显示在"项目"面板中，如图 5-59 所示。

图 5-58　"新建透明视频"对话框

图 5-59　创建"透明视频"素材

5.4.2　创建颜色遮罩

　　颜色遮罩与 Premiere Pro 的许多视频蒙版不同，它是一个覆盖整个视频帧的纯色遮罩。颜色遮罩可用作背景或创建最终轨道之前的临时轨道占位符。使用颜色遮罩的优点之一是它的通用性，在创建完颜色遮罩后，通过单击颜色遮罩就可以轻松修改颜色。

　　【练习 5-11】创建颜色遮罩。

　　(1) 选择"文件"|"新建"|"颜色遮罩"命令，打开"新建彩色遮罩"对话框。设置视频宽度和高度等信息后，单击"确定"按钮，如图 5-60 所示。

　　(2) 在打开的"拾色器"对话框中选择遮罩颜色，如图 5-61 所示。

图 5-60　"新建颜色遮罩"对话框

图 5-61　选择遮罩颜色

　　提示：

　　如果在选择颜色后，对话框右上角颜色样本的旁边出现一个感叹号图标，就表示选中了 NTSC 色域以外的颜色，该颜色不能在 NTSC 视频中正确重现。单击感叹号图标，可以让 Premiere 选择最接近的颜色。

（3）选择好颜色后，单击"确定"按钮，关闭"拾色器"对话框。然后在出现的"选择名称"对话框中输入颜色遮罩的名称，如图 5-62 所示。

（4）单击"确定"按钮，颜色遮罩会自动在"项目"面板中生成，如图 5-63 所示。

图 5-62　输入名称　　　　　　　　　图 5-63　生成颜色遮罩

5.4.3　创建彩条

除了可以使用菜单命令创建 Premiere 背景元素外，也可以在 Premiere 的"项目"面板中单击"新建项"按钮 来创建背景元素。下面以创建彩条为例，讲解在"项目"面板中创建背景元素的操作。

【练习 5-12】创建彩条。

（1）单击"项目"面板中的"新建项"按钮 ，在弹出的菜单中选择"彩条"命令，如图 5-64 所示。

（2）在打开的"新建彩条"对话框中设置视频的宽度和高度，如图 5-65 所示。

（3）单击"确定"按钮，即可在"项目"面板中创建彩条对象，如图 5-66 所示。

图 5-64　选择"彩条"命令　　　图 5-65　进行视频设置　　　图 5-66　创建彩条

5.4.4　创建倒计时片头

通过 Premiere 的"通用倒计时片头"命令，可以创建影片开始前的倒计时片头效果。

【练习 5-13】创建倒计时片头。

（1）在"项目"面板中单击"新建项"按钮 ，在弹出的菜单中选择"通用倒计时片头"命令，如图 5-67 所示。

（2）在打开的"新建通用倒计时片头"对话框中设置视频的宽度和高度，然后单击"确定"按钮，如图 5-68 所示。

图 5-67　选择"通用倒计时片头"命令

图 5-68　进行视频设置

(3) 在打开的"通用倒计时设置"对话框中设置倒计时视频颜色和音频提示音，如图 5-69 所示。

(4) 单击"确定"按钮，创建的"通用倒计时片头"对象将显示在"项目"面板中，如图 5-70 所示。

图 5-69　设置倒计时片头

图 5-70　创建的倒计时片头

注意：

在 Premiere 中创建自带的背景元素后，可以通过双击元素对象对其进行编辑。但是，彩条、黑色场频和透明视频只有唯一的状态，因此不能对其进行重新编辑。

5.5　本章小结

本章介绍了在 Premiere 中创建项目的知识和操作方法，读者需要重点掌握新建项目文件、在"项目"面板中导入素材、在"项目"面板中分类管理素材、修改素材的速度和持续时间、素材的脱机和联机，以及创建背景元素等方法。

5.6　思考与练习

1. 单击项目面板右下方的_____按钮，即可创建一个素材箱。

2. 在项目面板中可以_____或_____显示项目中的元素对象。

3. 单击面板左下方的_____按钮，作品元素将以列表格式出现在屏幕上。

4. _____是当前并不存在的素材文件的占位符，可以记忆丢失的源素材信息。

5. "剪辑速度/持续时间"对话框中的持续时间"00:01:25:00"，表示对象的持续时间为_____。

6. 在 Premiere 中可以导入哪些常用的素材？

7. 当项目面板中的素材过多时，如何对素材进行分类管理？

8. 如何修改影片素材的播放速度？

9. 启动 Premiere Pro CC 2017 应用程序，导入"风景"图片，并创建一个素材箱，将图片放入素材箱，然后修改所有图片的持续时间为 2 秒，如图 5-71 所示。

10. 启动 Premiere Pro CC 2017 应用程序，新建一个倒计时片头，并修改倒计时片头的擦除颜色、背景色、线条颜色等，如图 5-72 所示。

图 5-71　修改图片的持续时间　　　　　图 5-72　修改倒计时片头的颜色

第6章　创建序列

Premiere 视频编辑主要是创建与编辑序列，也就是将一个个的片段组接起来。在编辑序列的过程中，监视器的应用也是必不可少的。

本章将介绍 Premiere Pro CC 2017 序列的应用，包括认识时间轴面板、编辑工具和监视器面板，以及创建序列、在时间轴面板中编辑素材、设置素材入点和出点等方法。

6.1　使用监视器面板

在编辑视频的过程中，需要在屏幕上打开源监视器和节目监视器，以便查看源素材(将在节目中使用的素材)和节目素材(放置在时间轴面板序列中的素材)的效果。

6.1.1　监视器面板

源监视器、节目监视器和修整监视器面板不仅可以在工作时预览作品，还可以用于精确编辑和修整。

可以在将素材放入视频序列之前，使用源监视器面板修整这些素材。在项目面板中双击素材，即可在源监视器面板中显示该素材的效果，如图 6-1 所示。将素材拖入时间轴面板的序列中，可以在节目监视器面板中显示序列中的素材效果，如图 6-2 所示。

图 6-1　源监视器面板

图 6-2　节目监视器面板

6.1.2　查看安全区域

源监视器和节目监视器都允许查看安全区域。监视器的安全框用于显示动作和字幕所在的安全区域。这些框指示图像区域在监视器的视图区域内是安全的，包括那些可能被扫描的图像区域。安全区域是必需的，因为电视屏幕(不同于视频制作监视器或计算机屏幕)无法显示照相机实际拍摄到的完整视频帧。

【练习 6-1】查看监视器面板中的安全框标记。

(1) 启动 Premiere Pro CC 2017 应用程序，新建一个名为"练习 6-1"的项目，然后在项目面板中导入视频素材，如图 6-3 所示。

(2) 双击项目面板中的素材，在源监视器中显示素材，如图 6-4 所示。

图 6-3　导入视频素材

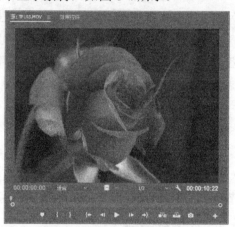

图 6-4　在源监视器中显示素材

(3) 在监视器面板中单击菜单按钮 ，在弹出的菜单中选择"安全边距"命令，如图 6-5 所示。

(4) 当安全区域的边界显示在监视器中时，内部安全区域就是字幕安全区域，而外部安全区域则是动作安全区域，如图 6-6 所示。

图 6-5　选择"安全边距"命令

图 6-6　显示安全区域

6.1.3　在源监视器面板中选择素材

在源监视器面板中显示素材时，素材的名字会显示在源监视器面板顶部的选项卡中。如果在源监视器中存在多个素材，可以在源监视器中单击名称选项卡的下拉按钮，在打开的下拉列表中选择素材进行切换，如图 6-7 所示。从下拉菜单中选择素材之后，该素材会出现在源监视器面板中，如图 6-8 所示。

图 6-7　在源监视器面板中选择素材　　　　图 6-8　在源监视器面板中切换素材

6.1.4　素材的帧定位

在源监视器面板中可以精确地查找素材片段的每一帧，在源监视器面板中可以进行如下一些操作：

● 在源监视器面板左下方的时间码文本框中单击，将其激活为可编辑状态，输入需要跳转的准确时间，如图 6-9 所示。然后按 Enter 键确认，即可精确地定位到指定的帧位置，如图 6-10 所示。

图 6-9　输入要跳转到的帧　　　　　　　图 6-10　帧定位

● 单击"前进一帧"按钮，可以使画面向前移动一帧。如果按住 Shift 键的同时单击该按钮，可以使画面向前移动 5 帧。

● 单击"后退一帧"按钮，可以使画面向后移动一帧。如果按住 Shift 键的同时单击该按钮，可以使画面向后移动 5 帧。

● 直接拖动当前时间指示器到要查看的位置。

6.1.5　在源监视器面板中修整素材

由于采集的素材包含的影片总是多于所需的影片，在将素材放到时间轴面板中的某个视频序列中时，可能需要先在源监视器面板中设置素材的入点和出点，从而节省在时间轴面板中编辑素材的时间。

【练习6-2】在源监视器面板中设置入点和出点。

(1) 在项目面板中导入素材文件，并在源监视器面板中显示素材。

(2) 将时间指示器移到需要设置为入点的位置，选择"标记"|"标记入点"命令，或者在源监视器面板中单击"标记入点"按钮，如图6-11所示，即可为素材设置入点。将时间指示器从入点位置移开，可看到入点处的左括号标记，如图6-12所示。

图6-11　设置入点　　　　　　　　　图6-12　入点标记

(3) 将时间指示器移到需要设置为出点的位置，然后选择"标记"|"标记出点"命令，或者单击"标记出点"按钮，如图6-13所示，即可为素材设置出点。将时间指示器从出点位置移开，可看到出点处的右括号标记，如图6-14所示。

图6-13　设置出点　　　　　　　　　图6-14　出点标记

注意：

在设置入点和出点之后，源监视器右边的时间指示是从入点到出点的持续时间，用户可以通过拖动入点和出点标记来编辑入点和出点的位置。

(4) 单击源监视器面板右下方的"按钮编辑器"按钮，在弹出的面板中将"从入点播放到出点"按钮拖动到源监视器面板下方的工具按钮栏中，如图6-15所示。

(5) 在源监视器面板中单击添加的"从入点播放到出点"按钮，可以在源监视器面板中预览素材在入点和出点之间的视频，如图 6-16 所示。

图 6-15　添加工具按钮　　　　　　　图 6-16　播放入点到出点之间的视频

6.1.6　应用素材标记

如果想返回素材中的某个特定帧，可以设置一个标记作为参考点。在源监视器面板或时间轴序列中，标记显示为三角形。

【练习 6-3】设置素材标记。

(1) 在项目面板中导入一个素材，然后双击素材将其显示在源监视器面板中。

(2) 将源监视器的当前时间指示器移动到第 2 秒，然后单击"标记入点"按钮，即可在该位置添加一个入点，如图 6-17 所示。

(3) 将源监视器的当前时间指示器移动到第 7 秒，然后单击"标记出点"按钮，即可在该位置添加一个出点，如图 6-18 所示。

图 6-17　设置入点　　　　　　　　　　图 6-18　设置出点

(4) 选择"标记"|"转到入点"命令，或单击源监视器面板中的"转到入点"按钮，即可返回素材的入点标记，如图 6-19 所示。

(5) 选择"标记"|"转到出点"命令，或单击源监视器面板中的"转到出点"按钮，即可返回素材的出点标记，如图 6-20 所示。

图 6-19　单击"转到入点"按钮　　　　　图 6-20　单击"转到出点"按钮

(6) 单击源监视器面板右下方的"按钮编辑器"按钮 ，在弹出的面板中将"添加标记"按钮 、"转到上一标记"按钮 和"转到下一标记"按钮 拖动到源监视器面板下方的工具按钮栏中，如图 6-21 所示。

(7) 将时间指示器移到第 4 秒，选择"标记"|"添加标记"命令，或单击"添加标记"按钮 ，即可在该位置添加一个标记，标记会出现在时间标尺上方，如图 6-22 所示。

图 6-21　添加按钮　　　　　　　图 6-22　添加标记

(8) 分别在第 3 秒和第 5 秒的位置添加一个标记，如图 6-23 所示。

(9) 选择"标记"|"转到上一标记"命令，或单击"转到上一标记"按钮 ，即可将时间指示器移到上一个标记位置，如图 6-24 所示。

图 6-23　添加两个标记　　　　　图 6-24　转到上一标记

(10) 选择"标记"|"转到下一标记"命令，或单击"转到下一标记"按钮，即可将时间指示器移到下一个标记位置，如图 6-25 所示。

(11) 选择"标记"|"清除所选标记"命令，可以清除当前时间指示器所在位置的标记，如图 6-26 所示。

　　图 6-25　转到下一标记　　　　　　　　　　　图 6-26　清除当前标记

(12) 选择"标记"|"清除所有标记"命令，可以清除所有的标记，如图 6-27 所示。

(13) 选择"标记"|"清除入点"命令，可以清除设置的入点；选择"标记"|"清除入点和出点"命令，可以清除设置的入点和出点，如图 6-28 所示。

　　图 6-27　清除所有标记　　　　　　　　　　图 6-28　清除入点和出点

6.2　创建序列

将素材导入项目面板后，如果不将素材添加到时间轴序列中，则不能对其进行视频编辑，将素材按照顺序分配到时间轴上就是装配序列。

6.2.1　创建新序列

在创建序列的过程中，可以设置序列的名称和轨道数，新建的序列会作为一个新的选项卡自动添加到时间轴面板中。

【练习 6-4】新建序列。

(1) 新建一个项目文件，选择"文件"|"新建"|"序列"命令，打开"新建序列"对话框，在下方文本框中输入序列的名称，如图 6-29 所示。

(2) 选择"设置"选项卡，设置视频的编辑模式和帧大小，如图 6-30 所示。

图 6-29   输入序列名称

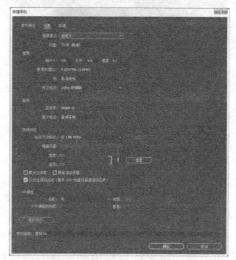

图 6-30   设置编辑模式

(3) 选择"轨道"选项卡，设置序列的视频轨道和音频轨道，如图 6-31 所示。

(4) 在"新建序列"对话框中单击"确定"按钮，即可新建一个序列，新建的序列将被添加在时间轴面板中，如图 6-32 所示。

图 6-31   设置轨道

图 6-32   新建序列

注意：

创建序列后，序列会在项目面板中生成，关闭时间轴面板中的序列后，可以双击项目面板中的序列项目，在时间轴面板中重新打开该序列。

6.2.2 在序列中添加素材

在项目面板中导入素材后，下一步就是将素材添加到时间轴的序列中。将素材添加到时间轴面板的序列中，就可以在节目监视器面板中对素材效果进行播放预览。

在 Premiere 中创建序列后，可以通过如下几种方法将项目面板中的素材添加到时间轴面板的序列中：

- 在项目面板中选择素材，然后将其从项目面板拖到时间轴面板的轨道中。
- 选中项目面板中的素材，然后选择"素材"|"插入"命令，将素材插入到当前时间指示器所在的目标轨道上。插入素材时，该素材被放到序列中，并将插入点所在的影片推向右边。
- 选中项目面板中的素材，然后选择"素材"|"覆盖"命令，将素材插入到当前时间指示器所在的目标轨道上。插入素材时，该素材被放到序列中，插入的素材将替换当前时间指示器后面的素材。
- 双击项目面板中的素材，在源监视器面板中将其打开，设置好素材的入点和出点后，单击源监视器面板中的"插入"或"覆盖"按钮，或者选择"素材"|"插入"或"素材"|"覆盖"命令，将素材添加到时间轴面板中。

【练习 6-5】在时间轴面板的序列中快速添加素材。

(1) 新建一个项目文件，然后在项目面板中导入两个素材对象，如图 6-33 所示。

(2) 选择"文件"|"新建"|"序列"命令，新建一个序列。

(3) 在项目面板中选择并拖动素材到时间轴面板的轨道 1 中，即可将选择的素材添加到时间轴面板的序列中，如图 6-34 所示。

图 6-33 导入素材

图 6-34 添加素材

(4) 在时间轴面板中将时间指示器移到素材出点处，如图 6-35 所示。

(5) 在项目面板中选择并拖动另一个素材到时间轴面板的轨道 1 中，将其入点与前面素材的出点对齐，效果如图 6-36 所示。

图 6-35　移动时间指示器

图 6-36　添加另一个素材

注意：

在添加素材之前，首先将时间指示器移动到要添加素材的入点处。在添加素材时，素材入点可以自动对齐到时间指示器的位置(首先要确认时间轴面板中的"对齐"按钮处于开启状态)。

6.3　认识时间轴面板

Premiere 创建的序列存放在时间轴面板中，视频编辑工作的大部分操作都是在时间轴面板中进行的，该面板用于组合项目面板中的各种片段，是按时间排列片段、制作影视节目的编辑面板。

创建序列后，时间轴面板包括序列影视节目的工作区、视频轨道、音频轨道和各种工具等组成部分，如图 6-37 所示。

图 6-37　时间轴面板

注意：

如果在 Premiere 程序窗口中看不到时间轴面板，可以通过双击项目面板中的序列图标将其打开，或是选择"窗口"|"时间轴"|"序列"命令将时间轴面板打开。

6.3.1　时间轴标尺选项

时间轴面板中的时间轴标尺图标和控件决定了观看影片的方式，以及 Premiere 渲染和导出的区域。

- 时间标尺：时间标尺是时间间隔的可视化显示，它将时间间隔转换为每秒包含的帧数，对应于项目的帧速率。标尺上出现的数字之间的实际刻度数取决于当前的缩放级别，用户可以拖动查看区滚动条或缩放滑块进行调整。
- 当前时间码：在时间轴上移动当前时间指示器时，在当前时间码显示框中会指示当前帧所在的时间位置。可以单击时间码显示框并输入一个时间，以快速跳到指定的帧处。输入时间时不必输入分号或冒号。例如，单击时间码显示框并输入 55415 后按 Enter 键，如图 6-38 所示，即可移动到帧 05:54:15 的位置，如图 6-39 所示。

图 6-38 输入时间　　　　　　　　　　图 6-39 移动时间指示器

- 当前时间指示器：当前时间指示器是标尺上的蓝色三角图标。可以单击并拖动当前时间指示器在影片上缓缓移动，也可以单击标尺区域中的某个位置，将当前时间指示器移动到特定帧处，如图 6-40 所示。
- 查看区滚动条：单击并拖动查看区滚动条可以更改时间轴中的查看位置，如图 6-41 所示。

图 6-40 拖动时间指示器　　　　　　　图 6-41 拖动查看区滚动条

- 缩放滑块：单击并拖动查看区滚动条两边的缩放滑块可以更改时间轴中的缩放级别。缩放级别决定标尺的增量和在时间轴面板中显示的影片长度。

注意：

要放大时间轴，单击查看区滚动条两边的缩放滑块并向左拖动，如图 6-42 所示；要缩小时间轴，单击查看区滚动条两边的缩放滑块并向右拖动，如图 6-43 所示。

图 6-42 向左拖动缩放滑块　　　　　　图 6-43 向右拖动缩放滑块

- 工作区：时间轴标尺的下面是 Premiere 的工作区，用于指定将要导出或渲染的工作区。可以单击工作区的某个端点并拖动，或者从左向右拖动整个工作区。在渲染项目时，Premiere 只渲染工作区定义的区域。

6.3.2　视频轨道控制区

时间轴面板的重点是视频和音频轨道，视频轨道提供了视频影片、转场和效果的可视化表示。使用时间轴轨道选项可以添加和删除轨道，并控制轨道的显示方式，还可以控制在导出项目时是否输出指定轨道，以及锁定轨道和指定是否在视频轨道中查看视频帧。

轨道控制的图标和轨道选项如图 6-44 所示，下面分别介绍常用图标和选项的功能。

图 6-44　轨道中的图标和选项

- 对齐：该按钮触发 Premiere 的对齐到边界命令。当打开对齐功能时，一个序列的帧对齐到下一个序列的帧，这种磁铁似的效果有助于确保产品中没有间隙。打开对齐功能后，"对齐"按钮显示为被按下的状态。此时，将一个素材向另一个邻近的素材拖动时，它们会自动吸附在一起，这可以防止素材之间出现时间间隙。
- 添加标记：使用序列标记，可以设置想要快速跳至的时间轴上的点。序列标记有助于在编辑时将时间轴中的工作分解。要设置未编号标记，将当前时间指示器拖动到想要设置标记的地方，然后单击"添加标记"按钮 即可，图 6-45 所示为设置的标记效果。

图 6-45　设置标记

- 目标轨道：当使用素材源监视器插入影片，或者当使用节目监视器或修整监视器编辑影片时，Premiere 将会改变时间轴中当前目标轨道中的影片。要指定一个目标轨道，只需单击此轨道的最左侧区域即可，目标轨道将变为浅灰色。
- 切换轨道输出：单击"切换轨道输出"眼睛图标可以打开或关闭轨道输出，这可以避免在播放期间或导出时在节目监视器面板中查看轨道。要再次打开输出，只需再次单击此按钮；眼睛图标再次出现，指示导出时将在节目监视器面板中查看轨道。
- 切换轨道锁定：轨道锁定是一个安全特性，以防止意外编辑。当一个轨道被锁定时，不能对轨道进行任何更改。单击"切换轨道锁定"图标后，此图标将出现锁定标记，指示轨道已被锁定。要对轨道解锁，再次单击该图标即可。
- 将序列作为嵌套或个别剪辑插入并覆盖：用于将新序列作为嵌套或个别剪辑插入并覆盖原序列。
- 时间轴显示设置：单击该按钮，可以弹出用于设置时间轴显示样式的菜单。

6.3.3 音频轨道控制区

音频轨道时间轴控件与视频轨道控件类似。音频轨道提供了音频素材、转场和效果的可视化表示。

- 目标轨道：要将一个轨道转变为目标轨道，单击其左侧的"A1"、"A2"或"A3"图标即可。
- M/S：单击 M 按钮，转换为静音轨道；单击 M 按钮，转换为独奏轨道。
- 轨道锁定开关：此图标控制轨道是否被锁定。当轨道被锁定后，不能对轨道进行更改。单击轨道锁定开关图标，可以打开或关闭轨道锁定。当轨道被锁定时，将会出现锁形图标。

注意：

Premiere 可以提供各种不同的音频轨道，包括标准音频轨道、子混合轨道、主音轨道以及 5.1 轨道。标准音频轨道用于 WAV 和 AIFF 素材。子混合轨道用来为轨道的子集创建效果，而不是为所有轨道创建效果。使用 Premiere 音轨混合器可以将音频放到主音轨道和子混合轨道中。5.1 轨道是一种特殊轨道，仅用于立体声音频。

6.3.4 显示音频时间单位

默认情况下，Premiere 以帧的形式显示时间轴间隔。用户可以在时间轴面板中单击快捷菜单按钮，然后在快捷菜单中选择"显示音频时间单位"命令，如图 6-46 所示，即可将时间轴单击更改为音频时间单位，音频时间单位以毫秒或音频采样的形式显示，如图 6-47 所示。

图 6-46　选择"显示音频时间单位"命令　　　　图 6-47　显示音频时间单位

6.4　轨道控制与关键帧

在视频编辑过程中，通常需要进行添加、删除视频或音频轨道，以及设置关键帧等操作。本节就介绍一下设置关键帧、添加轨道、删除轨道和重命名轨道的方法。

6.4.1　设置关键帧

Premiere Pro CC 2017 同早期版本有所不同，不再通过时间轴面板中的"折叠-展开轨道"按钮来控制关键帧控件的显示，而是通过拖动轨道上方边缘，即可展开该轨道的关键帧控件区域，如图 6-48 所示。

图 6-48　显示关键帧控件

注意：

用户也可以通过滚动鼠标中键来打开关键帧的控件区域，将光标移动到要展开关键帧控件的轨道控制区，然后向上滑动鼠标中键。如果向下滑动鼠标中键，可以将轨道的关键帧控件区域隐藏。

- 设置关键帧类型：右键单击素材图标中的 按钮，在弹出的下拉菜单中可以选择关键帧的类型，包括运动、不透明度和时间重映射，如图 6-49 所示。

图 6-49 设置关键帧类型

- 添加-移除关键帧：单击 按钮，可以在轨道的效果图形线中添加或删除关键帧。要添加关键帧，将当前时间指示器移动到想要关键帧出现的位置，然后单击"添加-移除关键帧"按钮 即可；要删除关键帧，将当前时间指示器移动到该关键帧处，然后单击"添加-移除关键帧"按钮 即可。
- 移动关键帧：单击转到上一关键帧按钮 ，可以将时间指示器向左移动到上一个关键帧位置；单击转到下一关键帧按钮 ，可以将时间指示器向右移动到下一个关键帧位置。

注意：

音频轨道同视频轨道一样，拖动轨道边缘，或在轨道中滑动鼠标中键，即可展开关键帧控制面板，在此可以设置整个轨道的关键帧以及音量，如图 6-50 所示。

如果选择显示素材或整个轨道的音量设置，创建关键帧的音频特效之后，特效名称将出现在时间轴面板中的音频特效图形线中的一个下拉列表中。在此下拉列表中选择特效之后，可以单击或拖动其在时间轴面板中的关键帧以对其进行调整。

图 6-50 设置轨道的关键帧以及音量

【练习 6-6】 在时间轴面板中设置素材的关键帧。

(1) 新建一个项目文件，然后在项目面板中导入素材对象。

(2) 选择"文件"|"新建"|"序列"命令，新建一个序列，将项目面板中的素材添加到序列的轨道中，如图 6-51 所示。

(3) 将光标移到时间轴轨道 1 上方的边缘处，当光标呈现图标时向上拖动轨道上边界，展开轨道关键帧控件区域，如图 6-52 所示。

图 6-51　添加素材

图 6-52　展开轨道关键帧控件区域

(4) 在视频轨道中的素材上单击右键，在弹出的快捷菜单中选择"显示剪辑关键帧"|"不透明度"|"不透明度"命令，设置关键帧的类型，如图 6-53 所示。

(5) 将时间指示器移动到素材的入点处，然后单击"添加-移除关键帧"按钮◇，即可在轨道中的素材上添加一个关键帧，如图 6-54 所示。

图 6-53　设置关键帧类型

图 6-54　添加关键帧

(6) 移动时间指示器，然后单击"添加-移除关键帧"按钮◇，在其他两个位置各添加一个关键帧，如图 6-55 所示。

(7) 将光标移动到中间关键帧上，然后按住鼠标左键，将该关键帧向下拖动，可以调整该关键帧的位置(可以改变素材在该帧的不透明度)，如图 6-56 所示。

图 6-55　添加其他关键帧

图 6-56　调整关键帧

(8) 在节目监视器中播放素材，可以预览到在不同的帧位置，素材的不透明度发生了变化，如图 6-57 所示。

图 6-57　预览影片效果

6.4.2　添加轨道

选择"序列"|"添加轨道"命令，或者右键单击轨道名称并选择"添加轨道"命令，打开如图 6-58 所示的"添加轨道"对话框，在此可以选择要创建的轨道类型和轨道放置的位置。图 6-59 所示是添加视频轨道和音频轨道的效果。

图 6-58　"添加轨道"对话框

图 6-59　添加音频和视频轨道

6.4.3　删除轨道

在删除轨道之前，需要确定是删除目标轨道还是空轨道。如果要删除一个目标轨道，先将该轨道选中，然后选择"序列"|"删除轨道"命令，或者右键单击轨道名称并选择"删除轨道"命令，将打开如图 6-60 所示的"删除轨道"对话框。可以在其中选择删除空轨道、目标轨道还是音频子混合轨。图 6-61 所示是删除所有空轨道的效果。

图 6-60　"删除轨道"对话框

图 6-61　删除所有空轨道

6.4.4　重命名轨道

要重命名一个音频或视频轨道，首先展开该轨道并显示其名称，然后右键单击轨道名称，在出现的菜单中选择"重命名"命令，如图 6-62 所示。然后对轨道重命名，完成后按下 Enter 键即可，如图 6-63 所示。

图 6-62　选择"重命名"命令

图 6-63　重命名视频轨道

6.5　本章小结

本章介绍了 Premiere Pro CC 2017 序列的应用，读者需要重点掌握监视器面板的作用、素材标记的设置、时间轴面板的组成元素、序列的创建与控制，以及如何添加和删除视音频轨道、如何设置关键帧等内容。

6.6　思考与练习

1. 监视器_____用于显示动作和字幕所在的安全区域。

2. 在监视器面板中，如果按住 Shift 键的同时单击"前进一帧"按钮，可以使画面向前移动_____帧。

3. 新建的序列会作为一个新的选项卡自动添加到_____面板中。

4. 将素材添加到时间轴面板的序列中，就可以在_____中对素材效果进行播放预览。

5. 在时间轴上移动当前时间指示器时，在当前时间码显示框中会指示_____所在的时间位置。

6. 在时间轴面板中单击时间码显示框，然后输入 21500，再按 Enter 键，可以将时间指示器移动到什么位置？

7. 在时间轴面板中打开_____功能后，将一个素材向另一个邻近的素材拖动时，它们会自动吸附在一起，这可以防止素材之间出现时间间隙。

8. 在 Premiere 中有哪几种监视器？

9. 在监视器中，安全框的作用是什么？

10. 在 Premiere Pro CC 2017 中，如何显示轨道中的关键帧控件？

11. 启动 Premiere Pro CC 2017 应用程序，新建一个项目文件，然后导入素材，再将导入的素材依次排列在视频和音频轨道中，如图 6-64 所示。

图 6-64　在时间轴中添加视音频素材

12. 新建一个项目文件，然后导入素材，并将素材添加到视频轨道中，然后展开视频轨道，在其中添加关键帧并拖动，如图 6-65 所示。

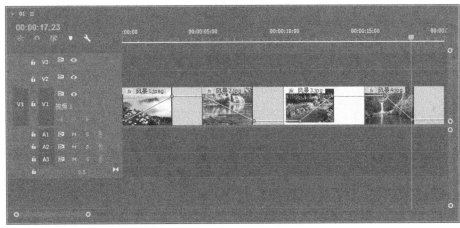

图 6-65　添加并设置关键帧

第7章 Premiere高级编辑技术

Premiere 的视频编辑功能十分强大，使用 Premiere 的选择工具就可以编辑整个项目。但是，如果要进行精确编辑，还需要使用 Premiere 更深层次的编辑功能。

本章将介绍 Premiere 工具面板的编辑工具、嵌套序列、在时间轴面板中编辑素材、在时间轴面板中设置入点和出点等内容。

7.1 Premiere 编辑工具

在时间轴面板中，合理使用其中的编辑工具，可以快速编辑素材的入点和出点。Premiere 的编辑工具如图 7-1 所示。

图 7-1　编辑工具

7.1.1 波纹编辑工具

使用"波纹编辑工具" ![] 可以编辑一个素材的入点和出点，而不影响相邻的素材。在减小前一个素材的出点时，Premiere 会将下一个素材向左拉近，而不改变下一个素材的入点，这样就改变了整个作品的持续时间。

【练习 7-1】波纹编辑素材的入点或出点。

(1) 新建一个项目文件，然后将素材"01.mov"和"02.mov"导入到"项目"面板中，如图 7-2 所示。

(2) 新建一个序列，将"01.mov"和"02. mov"素材添加到时间轴的视频 1 轨道中，如图 7-3 所示。

图 7-2　导入素材

图 7-3　在视频 1 轨道中添加素材

(3) 单击工具面板中的"波纹编辑工具"按钮，或按 B 键选择波纹编辑工具。然后将光标移到想要修整素材的出点处，单击并向左拖动以减小素材的长度，如图 7-4 所示。

(4) 改变第一个素材的出点后，相邻素材将向前移动，与前面的素材连接在一起，其持续时间将保持不变，整个序列的持续时间发生改变，如图 7-5 所示。

图 7-4　向左拖动前面素材的出点　　　　　图 7-5　波纹编辑素材后的效果

7.1.2　滚动编辑工具

在时间轴面板中，使用"滚动编辑工具"可以通过单击并拖动一个素材的边缘，修改素材的入点或出点。当单击并拖动边缘时，下一个素材的持续时间会根据前一个素材的变动自动调整。例如，如果第一个素材增加 5 帧，那么就会从下一个素材减去 5 帧。这样，使用"滚动编辑工具"编辑素材时，不会改变所编辑节目的持续时间。

【练习 7-2】滚动编辑素材的入点和出点。

(1) 新建一个项目文件，将素材"03.mov"和"04.mov" 导入到"项目"面板中。

(2) 选择"文件"|"新建"|"序列"命令，新建一个序列。

(3) 在"项目"面板中分别双击两个素材的图标，将其在源监视器中显示，然后分别为这两个素材设置入点和出点，如图 7-6 和图 7-7 所示。

图 7-6　设置入点和出点(一)　　　　　图 7-7　设置入点和出点(二)

(4) 将设置了入点和出点后的两个素材依次拖动到时间轴面板的视频 1 轨道中，并使它们连接在一起，如图 7-8 所示。

(5) 单击工具面板中的"滚动编辑工具"按钮，或按 N 键选择滚动编辑工具，然后将光标移到两个邻接素材的边界处，如图 7-9 所示。

图 7-8　　在轨道中添加素材

图 7-9　　移动光标

（6）按住鼠标并拖动素材可以修整素材。向右拖动边界，会增加第一个素材的出点，并减小后一个素材的入点，如图 7-10 所示。在节目监视器中会显示编辑入点和出点时的预览情况，如图 7-11 所示。

图 7-10　　向右拖动边缘

图 7-11　　编辑入点和出点时的预览情况(一)

（7）向左拖动边界，会减小第一个素材的出点，并增加后一个素材的入点，如图 7-12 所示。在节目监视器中会显示编辑入点和出点时的预览情况，如图 7-13 所示。

图 7-12　　向左拖动边缘

图 7-13　　编辑入点和出点时的预览情况(二)

7.1.3　外滑工具

使用"外滑工具" 可以改变夹在另外两个素材之间的素材的入点和出点，而且保持中间素材的原有持续时间不变。单击并拖动素材时，素材左右两边的素材不会改变，序列的持续时间也不会改变。

【练习 7-3】外滑编辑素材的入点和出点。

（1）新建一个项目文件，将素材"02.mov"、"03.mov 和"04.mov" 导入到"项目"

面板中。

(2) 选择"文件"|"新建"|"序列"命令，新建一个序列。

(3) 在"项目"面板中双击素材"03.mov"的图标，然后在源监视器中设置素材的入点和出点，如图 7-14 所示。

(4) 将 3 个素材依次拖动到时间轴面板的视频 1 轨道中，将"03.mov"素材放在其他两个素材的中间，并使它们相连接，如图 7-15 所示。

图 7-14　设置入点和出点　　　　　图 7-15　在视频 1 轨道中添加素材

(5) 单击工具面板中的"外滑工具"按钮，或按 Y 键选择外滑工具，然后按住鼠标并拖动视频 1 轨道中的中间素材，可以改变选中素材的入点和出点，而不改变序列的持续时间。图 7-16 所示是将中间的素材向左拖动，这样就改变了该素材的入点和出点，而整个序列的持续时间没有改变。

图 7-16　将中间的素材向左拖动

注意：

虽然"外滑工具"通常用来编辑两个素材之间的素材，但是即使一个素材不是位于另两个素材之间，也可以使用外滑工具编辑它的入点和出点。

7.1.4　内滑工具

与外滑工具类似，"内滑工具"也被用于编辑序列中位于两个素材之间的一个素材。不过在使用"内滑工具" 进行拖动的过程中，会保持中间素材的入点和出点不变，而改变相邻素材的持续时间。

滑动编辑素材的出点和入点时，向右拖动增加前一个素材的出点，而使后一个素材的入点发生延后。向左拖动减小前一个素材的出点，而使后一个素材的入点发生提前。这样，所编辑素材的持续时间和整个节目没有改变。

【练习7-4】内滑编辑素材的入点和出点。

(1) 新建一个项目和一个序列，然后将素材"02.mov"、"03.mov 和"04.mov"导入到"项目"面板中。

(2) 设置各个素材的入点和出点，然后将 3 个素材依次拖动到时间轴面板的视频 1 轨道中，并使它们的出点和入点对齐，如图 7-17 所示。

图 7-17　在视频 1 轨道中添加素材

(3) 单击工具面板中的"内滑工具"按钮 ，或按 U 键选择内滑工具。然后按住鼠标并拖动位于两个素材之间的素材来调整素材的入点和出点。向左拖动可以缩短前一个素材并加长后一个素材，如图 7-18 所示。

图 7-18　向左拖动素材

（4）向右拖动可以加长前一个素材的持续时间并缩短后一个素材的持续时间，节目监视器显示了对所有素材的影响，而整个序列的持续时间没变，如图 7-19 所示。

图 7-19　向右拖动素材

7.1.5　其他工具

除了前面介绍的工具外，在工具面板中还包括选择工具、轨道选择工具、比率拉伸工具、剃刀工具、钢笔工具、抓取工具和缩放工具等，各个工具的功能如下：

- 选择工具：用于对素材进行选择、移动，并可以调节素材的关键帧、为素材设置入点和出点。
- 向前选择轨道工具：在某一轨道中单击鼠标，可以选择该轨道中光标及其右侧的所有素材。
- 向后选择轨道工具：在某一轨道中单击鼠标，可以选择该轨道中光标及其左侧的所有素材。
- 比率拉伸工具：使用该工具可以对素材的速度进行相应调整，从而达到改变素材长度的目的。
- 剃刀工具：用于分割素材。选择剃刀工具后单击素材，会将素材分为两段，每段素材将产生新的入点和出点。
- 钢笔工具：主要用来设置素材的关键帧。
- 手形工具：用于改变时间轴窗口的可视区域，有助于编辑一些较长的素材。
- 缩放工具：用来调整时间轴面板中时间单位的显示比例。按下 Alt 键，可以在放大和缩小模式间进行切换。

7.2　在时间轴面板中编辑素材

Premiere 的时间轴面板是放置序列的地方，用户可以在时间轴面板中对序列中的素材进行编辑。

7.2.1　选择和移动素材

将素材放置在时间轴面板中以后，作为编辑过程的一部分，可能还需要重新排列素材的位置。用户可以选择一次移动一个素材，或者同时移动几个素材，还可以单独移动某个素材的视频或音频。

1. 使用选择工具

在时间轴面板中移动单个素材时，最简单的方法是使用工具面板中的选择工具 ▶ 选择并拖动素材。使用工具面板中的选择工具 ▶ 可以进行以下操作：

- 单击素材，可以将其选中。
- 按住 Shift 键的同时单击想要选择的多个素材，或者通过框选的方式也可以选择多个素材。
- 如果想选择素材的视频部分而不要音频部分，或者想选择音频部分而不要视频部分，可以在按住 Alt 键的同时单击素材的视频或音频部分。

2. 使用轨道选择工具

如果想快速选择某个轨道上的多个素材，或者从某个轨道中删除一些素材，可以使用工具面板中的向前选择轨道工具 ▶ 或向后选择轨道工具 ◀ 进行选择。

选择向前选择轨道工具 ▶ 后，单击轨道中的素材，可以选择单击的素材及该素材右侧的所有素材，如图 7-20 所示；选择向后选择轨道工具 ◀ 后，单击轨道中的素材，可以选择单击的素材及该素材左侧的所有素材，如图 7-21 所示。

图 7-20　向前选择素材

图 7-21　向后选择素材

7.2.2　激活和禁用素材

在进行视频编辑的过程中，使用节目监视器面板播放项目时，如果不想看到素材的视频，可以将其禁用，而不用将其删除。

【练习 7-5】激活和禁用序列中的素材。

(1) 新建一个项目文件，在项目面板中导入两个素材(如"04.mov"、"05. mov")，如图 7-22 所示。

(2) 新建一个序列，将项目面板中的素材添加到时间轴面板的视频轨道中，如图 7-23 所示。

图 7-22　导入素材

图 7-23　在时间轴中添加素材

(3) 在时间轴面板中将时间指示器移到"05.mov"素材所在的持续范围内，然后选择"窗口"|"节目监视器"|"序列 01(当前序列名)"命令，打开节目监视器，查看序列中的节目效果，如图 7-24 所示。

(4) 在时间轴面板中选中"05. mov"素材，然后选择"剪辑"|"启用"命令，"启用"菜单项上的复选标记将被移除，这样即可将选中的素材设置为禁用状态，禁用的素材名称将显示为灰色文字，并且该素材不能在节目监视器中显示，如图 7-25 所示。

图 7-24　查看节目效果

图 7-25　禁用素材

(5) 如要重新激活素材，可以再次选择"剪辑"|"启用"命令，将素材设置为最初的激活状态，该素材便可以重新在节目监视器中显示。

7.2.3　调整素材的排列

进行视频编辑时，有时需要将时间轴面板中的某个素材放置到另一个区域。但是，在移动某个素材后，就会在移除素材的地方留下一个空隙，如图 7-26 和图 7-27 所示。为了避免这个问题，Premiere 提供了"插入"与"提取"或"覆盖"编辑的方式来移动素材。

图 7-26　移动素材前　　　　　　　　　　图 7-27　移动素材后

1. 插入素材

在 Premiere 中，通过"插入"方式排列素材，可以在节目中的某个位置快速添加一个素材，且在各个素材之间不留下空隙。

【练习 7-6】通过插入方式重排素材。

(1) 新建一个项目文件，在项目面板中导入 4 个素材(如"01.mov"、"02. mov"、"03. mov"、"04. mov")，如图 7-28 所示。

(2) 新建一个序列，将项目面板中的"01. mov"、"04. mov"素材添加到时间轴面板的视频 1 轨道中，如图 7-29 所示。

图 7-28　导入素材　　　　　　　　　图 7-29　在时间轴中添加素材

(3) 在时间轴面板中将时间指示器移到"01.mov"素材的出点处，如图 7-30 所示。

(4) 在项目面板中选中"02.mov"素材，然后选择"剪辑"|"插入"命令，即可将"02.mov"素材插入到"01.mov"素材的后面，如图 7-31 所示。

图 7-30　移动时间指示器　　　　　　　图 7-31　在时间轴中插入素材

(5) 在时间轴面板中将时间指示器移到"01.mov"素材中间，如图 7-32 所示。

(6) 在项目面板中选中"03.mov"素材，然后选择"剪辑"|"插入"命令，即可将"03.mov"素材插入到"01. mov"素材的中间，如图 7-33 所示。

图 7-32　移动时间指示器

图 7-33　在时间轴中插入素材

2. 提取素材

使用"提取"方式可以在移除素材之后闭合素材的间隙。按住 Ctrl 键，将一个素材或一组选中的素材拖动到新位置，然后释放鼠标，即可以提取方式重排素材。

【练习 7-7】通过提取方式重排素材。

(1) 新建一个项目文件，在项目面板中导入 4 个素材(如"01.mov"、"02.mov"、"03.mov"、"04.mov")。

(2) 新建一个序列，将项目面板中的素材依次添加到时间轴面板的视频 1 轨道中，如图 7-34 所示。

(3) 按住 Ctrl 键的同时，选择视频 1 轨道中的"02. mov"素材，如图 7-35 所示。

图 7-34　在时间轴中添加素材

图 7-35　按住 Ctrl 键选择素材

(4) 将"02. mov"素材拖动到"04. mov"素材的出点处，如图 7-36 所示。释放鼠标，即可完成素材的提取，如图 7-37 所示。

图 7-36　拖动素材

图 7-37　提取素材

3. 覆盖素材

以"覆盖"方式重排素材可以使用某个素材将时间指示器所在位置的素材覆盖。在项目面板中选择一个素材，然后在时间轴面板中将时间指示器移动到指定位置，再选择"剪辑"|"覆盖"命令，即可使用选择的素材将时间指示器后面的素材覆盖；或者在"时间轴"面板中将一个素材拖动到另一个素材的位置，即可将其覆盖。

【练习 7-8】通过覆盖方式重排素材。

(1) 新建一个项目文件，在项目面板中导入 4 个素材(如"01.mov"、"02.mov"、"03.mov"、"04. mov")。

(2) 新建一个序列，将项目面板中的"01.mov"、"02. mov"、"04. mov"素材依次添加到时间轴面板的视频 1 轨道中，如图 7-38 所示。

(3) 将时间指示器移动"01.mov"素材的出点处，如图 7-39 所示。

　　　图 7-38　在时间轴中添加素材　　　　　　　　　图 7-39　移动时间指示器

(4) 在项目面板中选择"03.mov"素材，如图 7-40 所示，然后选择"剪辑"|"覆盖"命令，即可使用"03.mov"素材覆盖"01.mov"素材后面的素材，如图 7-41 所示。

　　　　图 7-40　选择素材　　　　　　　　　　　图 7-41　覆盖素材

7.2.4　删除序列间隙

在编辑过程中，有时不可避免地会在时间轴面板的素材间留有间隙。如果通过移动素材来填补间隙，那么其他的素材之间又会出现新的间隙。这种情况就需要使用波纹删除方法来删除序列中素材间的间隙。

在素材间的间隙中单击鼠标右键，从弹出的菜单中选择"波纹删除"命令，如图 7-42 所示，就可以将素材间的间隙清除，如图 7-43 所示。

图 7-42　选择"波纹删除"命令

图 7-43　清除素材间的间隙

7.2.5　自动匹配序列

使用 Premiere 的自动匹配序列功能不仅可以将素材从项目面板添加到时间轴的轨道中，而且还可以在素材之间添加默认过渡效果。

【练习 7-9】自动匹配序列。

(1) 新建一个项目文件，在项目面板中导入多个素材，如图 7-44 所示。

(2) 新建一个序列，将项目面板中的"01.mov"、"02. mov"素材添加到时间轴面板的视频轨道中，然后将时间指示器移到"01. mov"素材的出点处，如图 7-45 所示。

图 7-44　导入素材

图 7-45　在时间轴中添加素材

(3) 在项目面板中选中其他几个素材，作为要自动匹配到时间轴面板中的素材，如图 7-46 所示。

(4) 选择"剪辑"|"自动匹配序列"命令，打开"序列自动化"对话框，如图 7-47 所示。

图 7-46　选中要匹配的素材

图 7-47　"序列自动化"对话框

"序列自动化"对话框中各选项的功能如下：

- 顺序：此选项用于选择是按素材在"项目"面板中的排列顺序对它们进行排序，还是根据在"项目"面板中选择它们的顺序进行排序。
- 放置：选择"按顺序"对素材进行排序，或者选择按时间线中的每个未编号标记进行排序。如果选择"未编号标记"选项，那么 Premiere 将禁用该对话框中的"转场过渡"选项。
- 方法：此选项允许选择"插入编辑"或"覆盖编辑"。如果选择"插入编辑"选项，那么已经在时间线中的素材将向右推移。如果选择"覆盖编辑"选项，那么来自"项目"面板的素材将替换时间线中的素材。
- 剪辑重叠：此选项用于指定将多少秒或多少帧用于默认转场。在 30 帧长的转场中，15 帧将覆盖来自两个相邻素材的帧。
- 转换：此选项应用目前已设置好的素材之间的默认切换转场。
- 忽略音频：如果选择此选项，那么 Premiere 不会放置链接到素材的音频。
- 忽略视频：如果选择此选项，那么 Premiere 不会将视频放置在时间线中。

(5) 在"序列自动化"对话框中设置"顺序"为"排序"、"方法"为"插入编辑"，如图 7-48 所示。然后单击"确定"按钮，即可完成操作，自动匹配序列后的效果如图 7-49 所示。

图 7-48　设置自动匹配选项

图 7-49　自动匹配序列的效果

注意：

如果要将在项目面板中选择的素材按顺序放置在视频轨道中，首先要对项目面板中的素材进行排序，以便它们按照需要的时间顺序出现。

7.2.6　素材的编组

如果需要多次选择相同的素材，则应该将它们放置在一个组中。在创建素材组之后，可以通过单击任意组编号选择该组的每个成员，还可以通过选择该组的任意成员并按 Delete 键来删除该组中的所有素材。

- 在时间轴面板中选择需要编为一组的素材，然后选择"剪辑"|"编组"命令，即

可对选择的素材进行编组。进行素材编组后，当选择组中的一个素材时，该组中的其他素材也会同时被选取。

● 在时间轴面板中选择素材组，然后选择"剪辑"|"取消编组"命令，即可取消素材的编组。

【练习 7-10】应用素材编组。

(1) 新建一个项目文件，在项目面板中导入多个素材。

(2) 新建一个序列，将项目面板中的素材依次添加到时间轴面板的视频 1 轨道中，如图 7-50 所示。

(3) 在视频 1 轨道中选择中间的 3 个素材，然后选择"剪辑"|"编组"命令，即可将选中的素材编辑为一组，如图 7-51 所示。

图 7-50　在时间轴中添加素材

图 7-51　选择要编组的素材

(4) 在视频 1 轨道中选择编组素材中的任意一个素材，即可选中整个素材组，如图 7-52 所示。

(5) 将选择的素材拖动到"05.mov"素材的出点处，释放鼠标，整个编组中的素材都将被移动到"05.mov"素材的后面，如图 7-53 所示。

图 7-52　选中整个素材组

图 7-53　移动素材

7.2.7　锁定与解锁轨道

在进行视频编辑的过程中，可以在时间轴面板中通过锁定轨道的方法，使指定轨道中的素材内容暂时不能被编辑。

1. 锁定视频轨道

在时间轴面板中单击视频轨道左侧的"切换轨道锁定"图标，该图标将变为锁定轨道标记，表示该轨道已经被锁定了，锁定后的轨道将出现灰色的斜线，如图 7-54 所示。

2. 锁定音频轨道

锁定音频轨道的方法与锁定视频轨道相似，在时间轴面板中单击音频轨道左侧的"切换轨道锁定"图标 🔓，该图标将变为锁定轨道标记 🔒，即表示该音频轨道已被锁定，如图 7-55 所示。

图 7-54　锁定视频轨道

图 7-55　锁定音频轨道

3. 解除轨道的锁定

要解除轨道的锁定状态，单击被锁定轨道左侧的"切换轨道锁定"图标 🔒 即可，该图标将变为解除锁定轨道标记 🔓，解除锁定后就可以对该轨道的素材进行编辑了。

7.3　在时间轴面板中设置入点和出点

当熟悉如何选择时间轴面板中的素材后，就可以轻松设置素材的入点和出点。用户可以通过"选择工具"或使用标记命令为素材设置入点和出点。

7.3.1　拖动设置素材的入点和出点

在时间轴面板中设置素材的入点和出点，可以改变素材输出为影片后的持续时间，使用"选择工具"可以快速调整素材的入点和出点。

【练习 7-11】 在时间轴面板中设置素材的入点和出点。

(1) 新建一个项目文件和一个序列，然后在项目面板中导入两个素材，并将项目面板中的素材添加到时间轴面板的视频轨道中，如图 7-56 所示。

(2) 这里设置素材的入点：单击工具面板中的"选择工具"按钮 ▶，将光标移到时间轴面板中素材的左边缘(入点)，选择工具将变为一个向右的边缘图标，如图 7-57 所示。

图 7-56　在时间轴中添加素材

图 7-57　移动光标到素材左边缘

(3) 单击并按住鼠标左键，然后向右拖动鼠标到想作为素材入点的地方，即可设置素材的入点。在拖动素材左边缘(入点)时，时间码读数会显示在该素材下方，如图 7-58 所示。松开鼠标左键，即可在时间轴面板中重新设置素材的入点，如图 7-59 所示。

图 7-58　拖动素材的入点　　　　　　　　　　图 7-59　更改素材的入点

(4) 这里设置素材的出点：选择"选择工具" 后，将光标移动到时间轴面板中素材的右边缘(出点)，此时选择工具变为一个向左的边缘图标。

(5) 单击并按住鼠标左键，然后向左拖动鼠标到想作为素材出点的地方，即可设置素材的出点，如图 7-60 所示。松开鼠标左键，即可在时间轴面板中重新设置素材的出点，如图 7-61 所示。

图 7-60　拖动素材的出点　　　　　　　　　　图 7-61　更改素材的出点

注意：

在时间轴面板中修改素材的入点和出点后，并不会影响项目面板中素材的入点和出点。

7.3.2　切割编辑素材

使用工具面板中的"剃刀工具" 可以将素材切割成两片，从而快速设置素材的入点和出点，并且可以将不需要的部分删除。

【**练习 7-12**】使用"剃刀工具" 切割素材。

(1) 新建一个项目文件和一个序列，并在项目面板和时间轴面板中添加素材。

(2) 将当前时间指示器移动到想要切割素材的位置，在时间轴面板中按下"对齐"按钮 ，如图 7-62 所示。

(3) 在工具面板中选择"剃刀工具" ，在时间指示器位置进行单击，如图 7-63 所示，即可在时间指示器位置切割目标轨道上的素材，效果如图 7-64 所示。

图 7-62　启用"对齐"功能

图 7-63　单击切割素材

注意：

在时间轴面板中开启"对齐"按钮后，在时间轴面板中修改素材的入点和出点时，可以自动对齐当前的时间指示器。

(4) 在工具面板中选择"选择工具" ，然后在时间轴面板中选择前半部分的素材，按 Delete 键，即可将选择部分的素材删除，如图 7-65 所示。

图 7-64　切割素材后的效果

图 7-65　删除前半部分切割素材

7.3.3　设置序列的入点和出点

对序列设置入点和出点后，在渲染输出项目时，可以只渲染入点到出点间的内容。使用菜单中的"标记"|"标记入点"和"标记"|"标记出点"命令，可以设置"时间轴"面板中序列的入点和出点。

【练习 7-13】为当前序列设置入点和出点。

(1) 新建一个项目文件和一个序列，在项目面板和时间轴面板中添加两个素材。

(2) 将当前时间指示器拖动到要设置为序列入点的位置，如图 7-66 所示。

(3) 选择"标记"|"标记入点"命令，在时间轴标尺线上的相应时间位置即可出现一个"入点"图标，如图 7-67 所示。

图 7-66　导入并添加素材

图 7-67　标记入点

（4）将当前时间指示器拖动到要设置为序列出点的位置，选择"标记"|"标记出点"
命令，在时间轴标尺线上的相应时间位置即可出现一个"出点"图标，如图 7-68 所示。

（5）为当前序列设置好入点和出点之后，可以通过在时间轴面板中拖动入点和出点对
其进行修改，如图 7-69 所示为修改入点标记的效果。

图 7-68　标记出点　　　　　　　　　　图 7-69　修改入点标记

7.4　主素材和子素材

如果正在处理一个较长的视频项目，有效地组织视频和音频素材有助于确保工作效
率，Premiere 可以在主素材中创建子素材，从而对主素材进行细分管理。

7.4.1　认识主素材和子素材

子素材是父级主素材的子对象，它们可以同时用在一个项目中，子素材与主素材同原
始影片之间的关系如下：

- 主素材：当首次导入素材时，它会作为项目面板中的主素材。可以在项目面板
  中重命名和删除主素材，而不会影响到原始的硬盘文件。
- 子素材：子素材是主素材的一个更短的、经过编辑的版本，但又独立于主素材。
  可以将一个主素材分解为多个子素材，并在项目面板中快速访问它们。如果从项
  目中删除主素材，它的子素材仍会保留在项目中。

在对主素材和子素材进行脱机和联机等操作时，将出现如下几种情况：

- 如果造成一个主素材脱机，或者从项目面板中将其删除，这样并未从磁盘中将素
  材文件删除，子素材和子素材实例仍然是联机的。
- 如果使一个素材脱机并从磁盘中删除素材文件，则子素材及其主素材将会脱机。
- 如果从项目中删除子素材，不会影响到主素材。
- 如果造成一个子素材脱机，则它在时间线序列中的实例也会脱机，但是其副本将
  会保持联机状态，基于主素材的其他子素材也会保持联机。
- 如果重新采集一个子素材，那么它会变为主素材。子素材在序列中的实例被链接
  到新的子素材电影胶片，它们不再被链接到旧的子素材上。

7.4.2 创建和编辑子素材

编辑素材时，在时间轴中处理更短的素材比处理更长的素材效率更高。在 Premiere Pro 中创建和编辑子素材的方法如下：

【**练习 7-14**】创建子素材。

(1) 在项目面板中创建一个文件夹，然后在文件夹中导入一个素材(即主素材)文件"动物.wmv"，如图 7-70 所示。

(2) 双击主素材文件"动物.wmv"的图标，将该素材从项目面板中添加到源监视器中，在源监视器中打开该素材，如图 7-71 所示。

图 7-70　导入主素材　　　　　　　　　图 7-71　在源监视器中打开主素材

(3) 将源监视器的当前时间指示器移动到期望的时间位置(如第 6 秒)，然后单击"标记入点"按钮　，添加一个入点标记，如图 7-72 所示。

(4) 将当前时间指示器移动到期望的时间位置(如第 15 秒)，然后单击"标记出点"按钮　，添加一个出点标记，如图 7-73 所示。

图 7-72　为主素材设置入点　　　　　　　图 7-73　为主素材设置出点

(5) 选择"剪辑"|"制作子剪辑"命令，打开"制作子剪辑"对话框，为子素材输入一个名称，如图 7-74 所示。

(6) 在"制作子剪辑"对话框中单击"确定"按钮，即可在项目面板中创建一个子素材，该子素材的持续时间为 13 秒，如图 7-75 所示。

图 7-74　输入子素材名称

图 7-75　创建子素材

【练习 7-15】编辑子素材。

(1) 参照前面的练习在项目面板中创建一个素材，然后选择其中的子素材。

(2) 选择"剪辑"|"编辑子剪辑"命令，打开"编辑子剪辑"对话框，然后重新设置素材的开始时间(即入点)和结束时间(即出点)，如图 7-76 所示。

(3) 在"编辑子剪辑"对话框中单击"确定"按钮，即可完成对子素材入点和出点的编辑，在项目面板中将显示编辑后的开始点(即入点)和结束点(即出点)，如图 7-77 所示。

图 7-76　重新设置素材的入点和出点

图 7-77　编辑后的入点和出点

7.4.3　将子素材转换为主素材

在创建好子素材后，还可以将子素材转换为主素材。选择"剪辑"|"编辑子剪辑"命令，在弹出的"编辑子剪辑"对话框中选中"转换到主剪辑" 复选框，如图 7-78 所示，然后单击"确定"按钮，即可将子素材转换为主素材，其在项目面板中的图标将变为主素材图标，如图 7-79 所示。

图 7-78　选中"转换到主剪辑"复选框

图 7-79　转换子素材为主素材

7.5　嵌套序列

在时间轴面板中放置两个序列之后，可以将一个序列复制到另一个序列中，或者编辑一个序列并将其嵌套到另一个序列中。

嵌套的一个优点是：将其在时间轴面板中嵌套多次，就可以重复使用编辑过的序列。每次将一个序列嵌套到另一个序列中时，可以对其进行修整并更改该序列的切换效果。当将一个效果应用到嵌套序列时，Premiere 会将该效果应用到序列中的所有素材，这样能够方便地将相同效果应用到多个素材中。

【练习 7-16】创建嵌套序列。

(1) 新建一个项目文件，在项目面板中导入"01.MOV"、"02.MOV"、"03.MOV"、"04.MOV"、"05.MOV"素材，如图 7-80 所示。

(2) 选择"文件" | "新建" | "序列"命令，在打开的"新建序列"对话框中设置序列的参数并确定，创建一个名为"盛开的花朵"新序列，如图 7-81 所示。

图 7-80　导入素材

图 7-81　新建序列

(3) 将素材"03.MOV"、"04.MOV"和"05.MOV"添加到视频轨道 1 中，如图 7-82 所示。

(4) 选择"文件"|"新建"|"序列"命令，新建一个名为"风景"的序列，如图 7-83 所示。

图 7-82　在视频轨道中添加素材

图 7-83　创建新序列

(5) 将素材"01.MOV"和"02.MOV"添加到"风景"序列的视频轨道 1 中，如图 7-84 所示。

(6) 将项目面板中的"盛开的花朵"序列以素材的形式拖入"风景"序列的视频 2 轨道中，即可将"盛开的花朵"序列嵌套在"风景"序列中，如图 7-85 所示。

图 7-84　添加影片素材

图 7-85　创建嵌套序列

7.6　多机位序列

Premiere 软件中提供的多机位序列编辑功能，可以最多同时编辑 4 部摄像机所拍摄的内容。完成一次多机位编辑后，还可以返回到这个序列，并且很容易就能够将一个机位拍摄的影片替换成另一个机位拍摄的影片。

将影片导入 Premiere 后，就可以进行一次多机位编辑。Premiere 可以创建一个最多源自 4 个视频源的多机位素材。

【练习 7-17】建立多机位素材。

(1) 新建一个项目，然后选择"文件"|"新建"|"序列"命令，在"新建序列"对话框中设置视频轨道数为 4，如图 7-86 所示。

(2) 在项目面板中导入素材"01.mov"、"02.mov"、"03.mov"和"04.mov"，然后将各素材分别添加到时间轴面板中不同的视频轨道中，如图 7-87 示。

图 7-86　设置视频轨道数为 4　　　　　　图 7-87　将素材添加到视频轨道中

(3) 使用选择工具同时选择轨道中的 4 个素材，然后选择"剪辑"|"同步"命令，打开"同步剪辑"对话框，在其中选择一个选项，然后单击"确定"按钮，如图 7-88 所示。

(4) 选择"文件"|"新建"|"序列"命令，创建一个作为目标序列的新序列(用于记录最终编辑结果)，然后将带有同步视频的源序列从项目面板拖到目标序列的一个轨道中，从而将源序列嵌入到目标序列中，如图 7-89 所示。

图 7-88　"同步剪辑"对话框　　　　　　图 7-89　新建序列

"同步剪辑"对话框中各选项的作用如下：

● 剪辑开始：选择该选项，同步素材的入点。

● 剪辑结束：选择该选项，同步素材的出点。

● 时间码：在时间码读数中单击并拖动，或者通过键盘输入一个时间码。如果想要进行同步，只使用分、秒和帧就可以了，保持"忽略小时"选项为选中状态。

● 剪辑标记：选择该选项，同步选中的素材标记。

● 音频：用于设置音频轨道的声道。

(5) 将带有同步视频的源序列从项目面板拖到目标序列的一个轨道中，从而将源序列嵌入到目标序列中，如图 7-90 所示。

(6) 单击嵌入的序列将其选中，然后选择"剪辑"|"多位机"|"启用"命令，即可激活多机位编辑功能，如图 7-91 所示。

图 7-90　将源序列嵌入到目标序列中

图 7-91　激活多机位编辑功能

注意：

只有在时间轴面板中选中了嵌入的序列，才能执行"剪辑"|"多位机"|"启用"命令。

7.7　本章小结

本章介绍了 Premiere Pro CC 2017 中比较复杂的编辑操作，读者需要重点掌握编辑工具的运用、在时间轴面板中编辑素材的操作、在时间轴面板中设置素材的入点和出点，以及认识和应用主素材和子素材、嵌套序列、多机位序列等内容。

7.8　思考与练习

1. 使用_____编辑工具可以编辑一个素材的入点和出点，而不影响相邻的素材。

2. 使用_____工具单击素材会将素材分为两段，每段素材将产生新的入点和出点。

3. 在时间轴面板中单击视频轨道左侧的_____图标，该轨道将出现灰色的斜线，表示已经将该轨道_____。

4. 如何使用其他素材覆盖已经添加到序列轨道中的素材？

5. 如何在序列轨道中将一个素材或一组选中的素材拖动到新位置，同时移除原素材位置的间隙？

6. 如何删除时间轴面板中素材间留有的间隙？

7. 如何将子素材转换为主素材？

8. 如何创建嵌套序列？嵌套的优点是什么？

9. 多机位序列可以最多同时编辑多少部摄像机所拍摄的内容？

10. 新建一个项目和序列，导入"动物.wmv"素材，并将其添加到时间轴面板的视频轨道中，然后将其切割成 4 段，如图 7-92 所示。再删除其中一段，并重新排列其他素材的位置，如图 7-93 所示。

图 7-92　切割素材

图 7-93　重新排列素材

第8章 视频过渡

将视频作品中的一个场景切换到另一个场景就是一次极好的视频过渡。但是，如果想对过渡的时间进行推移，或者想创建从一个场景逐渐切入另一个场景的效果，只是对素材进行简单的剪切是不够的，这需要使用过渡效果，将一个素材逐渐淡入另一个素材中。Premiere 的视频过渡效果正好满足了这种要求。

本章将介绍 Premiere 视频过渡的相关知识与应用，包括视频过渡概述、应用视频过渡效果、各类视频过渡效果详解和自定义视频过渡。

8.1 视频过渡概述

视频过渡(也称视频切换或视频转场)是指编辑电视节目或影视媒体时，在不同的镜头间加入过渡效果。视频过渡效果被广泛应用于影视媒体创作中，是比较常见的技术手段。在制作影视作品时，应适度把握场景过渡效果的应用，切不可无味地滥用场景过渡，以免造成冲淡主题的后果。

8.1.1 场面过渡的依据

一组镜头一般是在同一时空中完成的，因此时间和地点就是场面过渡的很好依据。当然有时候在同一时空中也可能有好几组镜头，也就有好几个场面，而情节段落则是按情节发展结构的起承转换等内在节奏来过渡的。

1. 时间的转换

影视节目中的拍摄场面，如果在时间上发生转移，有明显的省略或中断，就可以依据时间的中断来划分场面。在镜头语言的叙述中，时间的转换一般是很快的，这期间转换的时间中断处，就可以是场面的转换处。

2. 空间的转换

在叙事场景中，经常要做空间转换，一般每组镜头段落都是在不同的空间里拍摄的，如脚本里的内景、外景、居室、沙滩等，故事片中的布景也随场面的不同而随时更换。因此空间的变更就可以作为场面的划分处。如果空间变了，还不作场面划分，又不用某种方式暗示观众，就可能会引起混乱。

3. 情节的转换

一部影视作品情节结构由内在线索发展而成，一般来说都有开始、发展、转折、高潮、结束的过程。这些情节的每一个阶段，就形成一个个情节的段落，无论是倒叙、顺叙、插叙、闪回、联想，都离不开情节发展中的一个阶段性的转折，可以依据这点来做情节段落的划分。

总之，场面和段落是影视作品中基本的结构形式，作品里内容的结构层次依据段落来表现。因此，场面过渡首先是叙述内在逻辑上的要求，同时也是叙述外在节奏上的要求。

8.1.2　场面过渡的方法

场面过渡的方法多种多样，但依据手法不同分为两类：一是用特技手段作为过渡(即技巧过渡)，二是用镜头自然过渡作为过渡(即无技巧过渡)。

1. 技巧过渡的方法

技巧过渡的特点是：既容易造成视觉的连贯，又容易造成段落的分割。场面过渡常用的技巧有以下几种：

1) 淡出淡入

淡入淡出也称为"渐隐渐显"。即上一段落最后一个镜头的光度逐渐减到零点，画面由明转暗、逐渐隐去，下一段落的第一个镜头的光度由零点逐渐到正常的强度，画面由暗转明，逐渐显现。这样的过渡过程，前一部分就是"淡出"，后一部分就是"淡入"。

2) 叠化

叠化是指第二个镜头出现于屏幕的过程中，仿佛是从前一镜头之后逐渐显露出来的；即在前一镜头逐渐模糊、淡去的消失的过程中，后一镜头同时逐渐清晰。叠化一般用在两个画面在形状上相似的段落转换时。

3) 划像

划像是指前一画面从一个方向退出画面时，第二个画面随之出现，开始另一段落。根据退出画面的方向不同，划像又可分为横划、竖划、对角线划等。划像一般用在两个内容意义差别较大的段落转换时。

4) 圈出圈入

圈出圈入是指前一段落结束时用圈、框等图把前一个段落圈出来，并圈入要开始的第二个段落。

5) 定格

定格是指对第一个段的结尾画面作静态处理，使人产生瞬间的视觉停顿，接着出现下一个画面，这比较适合于不同主题段落间的转换。

6) 空画面转场

当情绪发展到高潮的顶点以后，需要一个更长的间歇，使观众能够回味作品的情节和意境，或者得以喘息，能稍微缓和一下情绪。这种情况下即可使用空画面转场，空画面转场是用情绪镜头的长度来获得表现效果，从而增强节目艺术的感染力。

7) 翻页

翻页是指第一个画面像翻书一样翻过去，第二个画面随之显露出来。

8) 正负像互换

正负像互换来自于照相上的一种模拟特技。电影靠洗印处理，而电视靠色彩分离，有种木刻的效果，适用于人物专题片。

9) 变焦

使用变焦来使形象模糊，从而使观众的注意力集中到焦点突出的形象上，达到不变换镜头就可以改变构图和景物的目的。在这种技巧中，往往是两个主体一前一后，在景深中互为陪衬，达到前虚后实或前实后虚的效果。它也可以使整个画面由实至虚或由虚至实，从而达到过渡的目的。

2. 无技巧过渡的方法

无技巧过渡即不使用技巧手段，而用镜头的自然过渡来连接两段内容，这在一定程度上加快了影片的节奏。

近年来，故事片基本摈弃了采用技巧的转场手法，时空的转换、段落的过渡都用直接切换来实现。这是因为故事片有明显的情节线索，有由情节限定的相对空间稳定性。但在电视节目中，却并不都是如此。由于节目形式的发展，演播室和外景越来越多地结合在一起，在片子中主持人和记者也越来越多地和报道内容分开，两种屏幕形象同时出现，所以人们也越来越多地使用技巧手法把两种形象自然地区分开。

无技巧的转场方法要注意寻找合理的转换因素和适当的造型因素，使之具有视觉的连贯性。但在大段落的转换时，又要顾及心理的隔断性，表达出间歇、停顿和转折的意思。切不可段落不明、层次不清。

这种直接过渡之所以能成立，首先因为影视艺术在时空上充分自由，屏幕画面可以由这一段跳到另一段，中间可以留一段空白，像删节号，而空白无须说明观众自己能得出他的理解。因此无技巧过渡的功能很大，这些功能使它省略了许多过场戏，缩短了段落间的间隔，加紧了作品的内在结构，扩充了作品容量。在无技巧过渡的段落转换处，画面必须有可靠的过渡因素，可起承上启下的作用，只有这样才可直接切换。

8.2　应用视频过渡效果

要使两个素材的转换更加自然、变化更丰富，就需要加入 Premiere 提供的各种过渡效果，达到丰富画面的目的。

8.2.1　效果面板

Premiere Pro CC 2017 的视频过渡效果存放在效果面板的"视频过渡"效果文件夹中。选择"窗口"|"效果"命令，打开效果面板，效果面板将所有视频效果有组织地放入各个子文件夹中，如图 8-1 所示。

在 Premiere Pro CC 2017 效果面板的"视频过渡"效果文件夹中存储了 38 种不同的过

渡效果。单击效果面板中"视频过渡"效果文件夹前面的三角形图标，可以查看过渡效果的种类列表，如图 8-2 所示。单击其中一种过渡效果文件夹前面的三角形图标，可以查看该类过渡效果所包含的内容，如图 8-3 所示。

图 8-1 效果面板　　　　图 8-2 过渡效果种类　　　　图 8-3 展开过渡种类

8.2.2 效果的管理

在效果面板中存放了各类效果，用户在此可以查找需要的效果，或对效果进行有序化管理，在效果面板中用户可以进行如下操作：

- 查找视频效果：单击效果面板中的查找文本框，然后输入效果的名称，即可找到该视频效果，如图 8-4 所示。
- 组织素材箱：创建新的素材箱(即文件夹)，可以将最常使用的效果组织在一起。单击效果面板底部的"新建自定义素材箱"按钮，可以创建新的素材箱，如图 8-5 所示。然后可以将需要的效果拖入其中进行管理，如图 8-6 所示。

图 8-4 查找过渡　　　　图 8-5 新建自定义文件夹　　　　图 8-6 管理过渡效果

- 重命名自定义素材箱：在新建的素材箱名称上单击两次，然后键入新名称，即可重命名创建的素材箱。
- 删除自定义素材箱：单击文件夹将其选中，然后单击"删除自定义项目"图标，或者从面板菜单中选择"删除自定义项目"命令。当"删除项目"对话框出现时，单击"确定"按钮即可删除自定义素材箱。

注意：
用户不能对 Premiere 自带的素材箱进行删除和重命名操作。

8.2.3 添加视频过渡效果

将效果面板中的过渡效果拖到轨道中的两个素材之间(也可以是前一个素材的出点处，或是后一个素材的入点处)，即可在帧间添加该过渡效果。过渡效果使用第一个素材出点处的额外帧和第二个素材入点处的额外帧之间的区域作为过渡效果区域。

对素材应用效果时，可以选择"窗口"|"工作区"|"效果"命令，将 Premiere 的工作区设置为"效果"模式。在"效果"工作区，应用和编辑过渡效果所需的面板都显示在屏幕上，有助于对效果进行添加和编辑等操作。

【练习 8-1】在素材间添加过渡效果。

(1) 新建一个项目文件，然后在项目面板中导入照片，如图 8-7 所示。

(2) 新建一个序列，然后将项目面板中的照片依次添加到时间轴面板的视频 1 轨道中，如图 8-8 所示。

图 8-7 导入照片

图 8-8 在时间轴面板中添加照片

(3) 选择"窗口"|"工作区"|"效果"命令，将 Premiere 的工作区设置为"效果"模式，并打开效果面板，然后如图 8-9 所示。

图 8-9 进入"效果"工作区

(4) 在效果面板中展开"视频过渡"文件夹，然后选择一个过渡效果(如"3D 运动" |
"立方体旋转"效果)，如图 8-10 所示。

(5) 将选择的过渡效果拖到时间轴面板中前两个素材的交汇处，此时过渡效果将被添
加到轨道中的素材间，并会突出显示发生切换的区域，如图 8-11 所示。

图 8-10　选择过渡效果　　　　　　　　　　图 8-11　添加过渡效果

(6) 在效果面板中选择另一个过渡效果(如"擦除" |"带状擦除"效果)，如图 8-12 所
示，然后将它拖到时间轴面板中两个素材的交汇处，如图 8-13 所示。

图 8-12　选择过渡效果　　　　　　　　　　图 8-13　添加过渡效果

(7) 继续在效果面板中选择一个过渡效果(如"页面剥落" |"翻页"效果)，如图 8-14
所示，然后将其拖到时间轴面板中后面两个素材的交汇处，如图 8-15 所示。

图 8-14　选择过渡效果　　　　　　　　　　图 8-15　添加过渡效果

(8) 在节目监视器面板中单击"播放-停止切换"按钮 ▶ 以播放影片，可以预览添加
过渡效果的影片效果，如图 8-16 所示。

图 8-16　预览影片的过渡效果

8.2.4　应用默认过渡效果

在视频编辑过程中，如果在整个项目中需要多次应用相同的过渡效果，那么可以将其设置为默认过渡效果，在指定默认过渡效果后，可以快速地将其应用到各个素材之间。

默认情况下，**Premiere Pro CC 2017** 的默认过渡效果为"交叉溶解"，该效果的图标有一个蓝色的边框，如图 8-17 所示。要设置新的过渡效果作为默认过渡效果，可以先选择一个视频过渡效果，然后单击鼠标右键，在弹出的菜单中选择"将所选过渡设置为默认过渡"命令即可，如图 8-18 所示。

图 8-17　默认过渡效果　　　　　　　　图 8-18　设置默认过渡效果

【练习 8-2】对所有素材应用默认过渡效果。

(1) 新建一个项目文件和一个序列，在项目面板中导入素材文件，如图 8-19 所示。

(2) 将素材文件编排在时间轴面板的视频 1 轨道中，如图 8-20 所示。

图 8-19　导入素材　　　　　　　　图 8-20　编排素材

（3）打开效果面板，选择"滑动"|"推"过渡效果，然后单击鼠标右键，在弹出的菜单中选择"将所选过渡设置为默认过渡"命令，如图 8-21 所示。将选择的过渡效果设置为默认过渡效果后，该效果会有一个蓝色的边框，如图 8-22 所示。

图 8-21　设置为默认过渡效果

图 8-22　默认过渡效果

（4）单击工具面板中的"向前选择轨道工具"按钮，然后在视频 1 轨道的第一个素材上单击鼠标，选择视频 1 轨道中的所有素材，如图 8-23 所示。

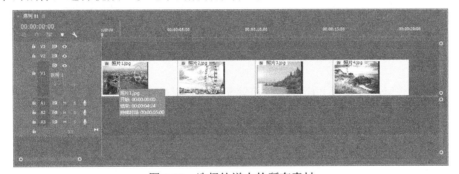

图 8-23　选择轨道中的所有素材

（5）选择"序列"|"应用默认过渡到选择项"命令，或按 Shift+D 组合键，即可对所选择的所有素材应用默认的过渡效果，如图 8-24 所示。

图 8-24　应用默认过渡效果

（6）在节目监视器面板中单击"播放-停止切换"按钮以播放影片，可以预览添加默认过渡效果的影片效果，如图 8-25 所示。

图 8-25　预览影片效果

8.3　自定义视频过渡效果

在素材间应用过渡效果之后，在时间轴面板中将其选中，就可以在时间轴面板或效果控件面板中对其编辑。

8.3.1　设置效果的默认持续时间

视频过渡效果的默认持续时间为 25 帧。要更改默认过渡效果的持续时间，可以单击效果面板的快捷菜单按钮，在弹出的菜单中选择"设置默认过渡持续时间"命令，如图 8-26 所示。打开 "首选项"对话框，在"常规"设置中修改"视频过渡默认持续时间"参数，然后确定，即可更改默认视频过渡效果的持续时间，如图 8-27 所示。

图 8-26　选择命令

图 8-27　设置视频过渡的默认持续时间

8.3.2　更改过渡效果的持续时间

在时间轴面板中通过拖动过渡效果的边缘，可以修改所应用过渡效果的持续时间，如图 8-28 所示。在信息面板中可以查看过渡效果的持续时间，如图 8-29 所示。

图 8-28　拖动过渡效果的边缘

图 8-29　查看过渡效果的持续时间

在效果控件面板中修改持续时间值，也可以修改过渡效果的持续时间，如图 8-30 所示。在效果控件面板中除了通过修改持续时间值更改过渡效果的持续时间外，还可以通过单击过渡效果的左边缘或右边缘并拖动来调整过渡效果的持续时间，如图 8-31 所示。

图 8-30　修改持续时间值

图 8-31　手动调整持续时间

8.3.3　修改过渡效果的对齐方式

在时间轴面板中单击过渡效果并向左或向右拖动它，可以修改过渡效果的对齐方式。向左拖动过渡效果，可以将过渡效果与编辑点的结束处对齐，如图 8-32 所示。向右拖动过渡效果，可以将过渡效果与编辑点的开始处对齐，如图 8-33 所示。要让过渡效果居中，就需要将过渡效果放置在编辑点所在范围的中心位置。

图 8-32　向左拖动过渡效果

图 8-33　向右拖动过渡效果

在效果控件面板的"对齐"下拉列表中可以选择过渡效果的对齐方式，包括"中心切入"、"自定义起点"、"起点切入"和"终点切入"等几种对齐方式，如图 8-34 所示。各种对齐方式的作用如下：

- 在将对齐方式设置为"中心切入"或"自定义起点"时，修改持续时间值对入点和出点都有影响。
- 在将对齐方式设置为"起点切入"时，更改持续时间值对出点有影响。
- 在将对齐方式设置为"终点切入"时，更改持续时间值对入点有影响。

在效果控件面板中可以对过渡效果进行更多的编辑。双击时间轴面板中的过渡效果，打开效果控件面板，选中"显示实际源"复选框，可以显示素材及过渡效果，如图 8-35 所示。

图 8-34　选择对齐方式

图 8-35　显示实际源

8.3.4　反向过渡效果

在将过渡效果应用于素材后，默认情况下，素材切换是从第一个素材切换到第二个素材(A 到 B)。如果需要创建从场景 B 到场景 A 的过渡效果——即使场景 B 出现在场景 A 之后，可以选中效果控件面板中的"反向"复选框，对过渡效果进行反转设置。

注意：

单击"消除抗锯齿品质"下拉列表框并选择抗锯齿的级别，可以使过渡效果更加流畅。

8.3.5　自定义过渡参数

在 Premiere Pro CC 2017 中，有些视频过渡效果还有"自定义"按钮，它提供了一些自定义参数，用户可以对过渡效果进行更多的设置。例如，在素材间添加"翻转"过渡，在效果控件面板中就会出现"自定义"按钮，如图 8-36 所示。单击该按钮，可以打开"翻转设置"对话框，对带的数量和填充颜色进行设置，如图 8-37 所示。

图 8-36　"自定义"按钮

图 8-37　设置参数

8.3.6　替换和删除过渡效果

如果在应用过渡效果后，没有达到原本想要的效果，可以对其进行替换或删除，具体操作如下：

● 替换过渡效果：在效果面板中选择需要的过渡效果，然后将其拖动到时间轴面板中需要替换的过渡效果上即可，新的过渡效果将替换原来的过渡效果。

● 删除过渡效果：在时间轴面板中选择需要删除的过渡效果，然后按 Delete 键即可将其删除。

8.4　Premiere 过渡效果详解

Premiere 的"视频过渡"文件夹中包含 7 种不同的过渡类型，分别是"3D 运动"、"划像"、"擦除"、"溶解"、"滑动"、"缩放"和"页面剥落"，如图 8-38 所示。下面详细介绍各类过渡效果的作用。

图 8-38　"视频过渡"类型

8.4.1　3D 运动过渡效果

3D 运动类型的过渡包含运动效果。展开该文件夹，其中包含了"立方体旋转"和"翻转"过渡效果，如图 8-39 所示。

图 8-39　"3D 运动"过渡效果

1. 立方体旋转

此过渡效果使用旋转的立方体创建从素材 A 到素材 B 的过渡效果，单击缩览图四周的三角形按钮，可以将过渡效果设置为从北到南、从南到北、从西到东或从东到西过渡，如图 8-40 所示。

图 8-40　立方体旋转过渡

2. 翻转

此过渡效果将沿垂直轴翻转素材 A 来显示素材 B。单击效果面板底部的"自定义"按钮，打开"翻转设置"对话框，可以设置带数和填充颜色，如图 8-41 所示。

图 8-41　翻转过渡

8.4.2　划像过渡效果

划像过渡的开始和结束都在屏幕的中心进行。划像过渡效果包括"交叉划像"、"圆划像"、"盒形划像"和"菱形划像"，如图 8-42 所示。

图 8-42　划像过渡效果

1. 交叉划像

在此过渡效果中，素材 B 逐渐出现在一个十字形中，该十字形会越变越大，直到占据整个画面，如图 8-43 所示。

图 8-43　交叉划像过渡

2. 圆形划像

在此过渡效果中，素材 B 逐渐出现在慢慢变大的圆形中，该圆形将占据整个画面，如图 8-44 所示。

图 8-44　圆形划像过渡

3. 盒形划像

在此过渡效果中，素材 B 逐渐显示在一个慢慢变大的矩形中，该矩形会逐渐占据整个画面，如图 8-45 所示。

图 8-45　盒形划像过渡

4. 菱形划像

在此过渡效果中，素材 B 逐渐出现在一个菱形中，该菱形将逐渐占据整个画面，如图 8-46 所示。

图 8-46　菱形划像过渡

8.4.3　擦除过渡效果

擦除过渡效果用于擦除素材 A 的不同部分来显示素材 B。擦除过渡效果包括"划出"、"双侧平推门"、"带状擦除"、"径向擦除"、"插入"、"时钟式擦除"、"棋盘"、"棋盘擦除"、"楔形擦除"、"水波块"、"油漆飞溅"、"渐变擦除"、"百叶窗"、"螺旋框"、"随机块"、"随机擦除"和"风车"，如图 8-47 所示。

图 8-47　擦除过渡效果

1. 划出

在此过渡效果中，素材 B 向右推开素材 A，显示素材 B。该效果像是滑动的门，图 8-48 显示了"划出"设置和预览效果。

图 8-48　划出过渡

2. 双侧平推门

在此过渡效果中，素材 A 被打开，显示素材 B。该效果像是两扇滑动的门，图 8-49 显示了"双侧平推门"设置和预览效果。

图 8-49　双侧平推门过渡

3. 带状擦除

在此过渡效果中，矩形条带从屏幕左边和屏幕右边渐渐出现，素材 B 将替代素材 A。在使用此过渡效果时，可以单击效果控件面板中的"自定义"按钮，打开"带状擦除设置"对话框，设置需要的条带数，如图 8-50 所示。

图 8-50　带状擦除过渡

4. 径向擦除

在此过渡效果中，素材 B 是通过擦除显示的，先水平擦过画面的顶部，然后顺时针扫过一个弧度，逐渐覆盖素材 A，如图 8-51 所示。

图 8-51　径向擦除过渡

5. 插入

在此过渡效果中，素材 B 出现在画面左上角的一个小矩形框中。在擦除过程中，该矩形框逐渐变大，直到素材 B 替代素材 A，如图 8-52 所示。

【练习 8-3】制作逐个显示的文字。

(1) 新建一个项目文件，在项目面板中导入素材文件，如图 8-53 所示。

(2) 选择"文件" | "新建" | "序列"命令，打开"新建序列"对话框，选择"轨道"选项卡，设置视频轨道数量为 5，如图 8-54 所示。

图 8-52　插入过渡

图 8-53　导入素材

图 8-54　编排素材

(3) 在项目面板中选中"云海.jpg"素材，然后选择"剪辑"|"速度/持续时间"命令，在打开的"剪辑速度/持续时间"对话框中将持续时间改为 15 秒并确定，如图 8-55 所示。

(4) 在项目面板中将"诗句 01"的持续时间改为 12 秒，将"诗句 02"的持续时间改为 10 秒，将"诗句 03"的持续时间改为 8 秒，将"诗句 04"的持续时间改为 6 秒，然后将各个素材分别添加到时间轴面板的视频 1~视频 5 轨道中，并将各个素材的出点对齐，如图 8-56 所示。

图 8-55　修改持续时间

图 8-56　添加素材

(5) 在效果面板中选择"视频过渡"|"擦除"|"插入"过渡效果，如图 8-57 所示，然后将该过渡效果添加到"诗句 01"的入点处，如图 8-58 所示。

图 8-57　选择过渡效果

图 8-58　添加过渡效果

（6）打开效果控件面板，单击"诗句 01"上的过渡图标，设置过渡效果的持续时间为 2 秒，然后单击"从东北到西南"按钮，设置过渡效果的插入方向为"从东北到西南"，如图 8-59 所示。

（7）将"插入"过渡效果添加到时间轴面板中的其他 3 个诗句的入点处，同样设置过渡效果的插入方向为"从东北到西南"、持续时间为 2 秒，如图 8-60 所示。

图 8-59　设置过渡

图 8-60　添加过渡效果

（8）在"节目监视器"面板中单击"播放-停止切换"按钮，对添加过渡效果后的影片进行预览，效果如图 8-61 所示。

图 8-61　预览过渡效果

6. 时钟式擦除

在此过渡效果中，素材 B 逐渐出现在屏幕上，以圆周运动方式显示。该效果就像是时钟的旋转指针扫过素材屏幕，如图 8-62 所示。

图 8-62　时钟式擦除过渡

7. 棋盘

在此过渡效果中，包含素材 B 的棋盘图案逐渐取代素材 A。在使用此过渡效果时，可以单击效果控件面板中的"自定义"按钮，打开"棋盘设置"对话框，在此可以设置水平切片和垂直切片的数量，如图 8-63 所示。

图 8-63　棋盘过渡

8. 棋盘擦除

在此过渡效果中，包含素材 B 切片的棋盘方块图案逐渐延伸到整个屏幕。在使用此过渡效果时，可以单击效果控件面板底部的"自定义"按钮，打开"棋盘擦除设置"对话框，设置水平切片和垂直切片的数量，如图 8-64 所示。

图 8-64　棋盘擦除过渡

9. 楔形擦除

在此过渡效果中，素材 B 出现在逐渐变大并最终替换素材 A 的饼式楔形中。图 8-65 显示了"楔形擦除"设置以及预览效果。

图 8-65　楔形擦除过渡

10. 水波块

在此过渡效果中，素材 B 渐渐出现在水平条带中，这些条带从左向右移动，然后从右向屏幕左下方移动。在使用此过渡效果时，可以单击效果控件面板中的"自定义"按钮，打开"水波块设置"对话框，设置需要的水平条带和垂直条带的数量，如图 8-66 所示。

图 8-66　水波块过渡

11. 油漆飞溅

在此过渡效果中，素材 B 逐渐以泼洒颜料的形式出现。图 8-67 显示了"油漆飞溅"设置以及预览效果。

图 8-67　油漆飞溅过渡

12. 渐变擦除

对素材使用该过渡效果时，将打开"渐变擦除设置"对话框，如图 8-68 所示。在此对话框中单击"选择图像"按钮，可以打开"打开"对话框进行灰度图像的加载，如图 8-69 所示。这样在擦除效果出现时，对应于素材 A 的黑色区域和暗色区域的素材 B 的图像区域最先显示。

图 8-68　"渐变擦除设置"对话框

图 8-69　加载灰度图像

在此过渡效果中，素材 B 逐渐擦过整个屏幕，并使用用户选择的灰度图像的亮度值确定替换素材 A 中的哪些图像区域，如图 8-70 所示。

图 8-70　渐变擦除过渡

【练习 8-4】制作书写文字效果。

(1) 新建一个项目文件和一个序列，选择"文件"|"新建"|"颜色遮罩"命令，打开"新建颜色遮罩"对话框，保持默认参数，然后确定，如图 8-71 所示。

(2) 在打开的"拾色器"对话框中设置颜色为黑色，然后确定，如图 8-72 所示。

图 8-71　导入素材

图 8-72　编排素材

(3) 在打开的"选择名称"对话框中设置名称并确定，如图 8-73 所示，即可在项目面板中创建颜色遮罩素材，如图 8-74 所示。

图 8-73　"选择名称"对话框

图 8-74　创建颜色遮罩素材

(4) 选中颜色遮罩素材，然后选择"剪辑"|"速度/持续时间"菜单命令。在打开的"剪辑速度/持续时间"对话框中将持续时间改为 00:00:02:00(即持续时间为 2 秒)，然后确定，如图 8-75 所示。

(5) 在项目面板中导入背景和文字素材，设置"竹 1.tif"的持续时间为 3 秒，设置"竹 2.tif"的持续时间为 1 秒，如图 8-76 所示。

(6) 将项目面板中的"竹子.jpg"素材添加到时间轴面板的视频 1 轨道中，将"颜色遮罩"素材添加到时间轴面板的视频 2 轨道中，如图 8-77 所示。

(7) 将项目面板中的"竹 1.tif"素材添加到时间轴面板的视频 2 轨道中，入点与"颜色遮罩"素材的出点对齐。然后将"颜色遮罩"和"竹 2.tif"素材添加到时间轴面板的视频 3 轨道中，效果如图 8-78 所示。

图 8-75　设置持续时间

图 8-76　添加并修改素材

图 8-77　添加素材

图 8-78　添加并编排素材

(8) 选择"窗口"|"效果"命令，打开效果面板。然后展开"视频过渡"文件夹，选择"擦除"|"渐变擦除"过渡效果，如图 8-79 所示。

(9) 将"渐变擦除"效果添加到视频 2 轨道的"颜色遮罩"素材的入点处，打开"渐变擦除设置"对话框，然后单击"选择图像"按钮，如图 8-80 所示。

图 8-79　选择过渡效果

图 8-80　单击"选择图像"按钮

(10) 在打开的"打开"对话框中选择并打开"渐变字 1.tif"素材，如图 8-81 所示。

(11) 在时间轴面板中双击添加的"渐变擦除"效果，然后在打开的"设置过渡持续时间"对话框设置过渡持续时间为 2 秒，如图 8-82 所示。

(12) 将"渐变擦除"效果添加到视频 3 轨道的"颜色遮罩"素材的入点处，然后在打开的"渐变擦除设置"对话框中单击"选择图像"按钮。

(13) 在打开的"打开"对话框中选择并打开"渐变字 2.tif"素材，如图 8-83 所示。

图 8-81　选择图像素材

图 8-82　设置过渡持续时间

(14) 在时间轴面板中双击添加的"渐变擦除"效果，然后在打开的"设置过渡持续时间"对话框设置过渡持续时间为 2 秒，或在效果控件面板设置过渡持续时间为 2 秒，如图 8-84 所示。

图 8-83　选择图像素材

图 8-84　设置过渡持续时间

(15) 在节目监视器面板中单击"播放-停止切换"按钮 ，预览编辑好的视频节目，效果如图 8-85 所示。

图 8-85　视频效果

13. 百叶窗

在此过渡效果中，素材 B 看起来像是透过百叶窗出现的，百叶窗逐渐打开，从而显示素材 B 的完整画面。在使用此过渡效果时，单击效果控件面板中的"自定义"按钮，打开"百叶窗设置"对话框，可以设置要显示的条带数，如图 8-86 所示。

图 8-86　百叶窗过渡

14. 螺旋框

在此过渡效果中，一个矩形边框围绕画面移动，逐渐使用素材 B 替换素材 A。在使用此过渡效果时，单击效果控件面板中的"自定义"按钮，打开"螺旋框设置"对话框，可以设置水平值和垂直值，如图 8-87 所示。

图 8-87　螺旋框过渡

15. 随机块

在此过渡效果中，素材 B 逐渐出现在屏幕上随机显示的小盒中。在使用此过渡效果时，单击效果控件面板中的"自定义"按钮，打开"随机块设置"对话框，可以设置盒子的宽度值和高度值，如图 8-88 所示。

图 8-88　随机块过渡

16. 随机擦除

在此过渡效果中，素材 B 逐渐出现在顺着屏幕下拉的小块中。图 8-89 显示了"随机擦除"设置以及预览效果。

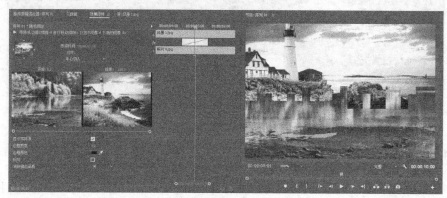

图 8-89　随机擦除过渡

17. 风车

在此过渡效果中，素材 B 逐渐以不断变大的星星的形式出现，这个星星最终将占据整个画面。在使用此过渡效果时，单击效果控件面板中的"自定义"按钮，打开"风车设置"对话框，可以设置需要的楔形数量，如图 8-90 所示。

图 8-90　风车过渡

8.4.4　溶解过渡效果

溶解过渡效果将一个视频素材逐渐淡入另一个视频素材中。用户可以从 7 个溶解过渡效果中进行选择，包括 MorphCut、"交叉溶解"、"叠加溶解"、"抖动溶解"、"渐隐为白色"、"渐隐为黑色"、"胶片溶解"和"非叠加溶解"，如图 8-91 所示。

1. MorphCut

MorphCut通过在原声摘要之间平滑跳切，帮助用户创建更加完美的视频效果。MorphCut采用脸部跟踪和可选流插值的高级组合，在剪辑之间形成无缝过渡。若使用得当，MorphCut过渡可以实现无缝效果，以至于看起来就像拍摄视频一样自然。

图 8-91　溶解过渡效果

2. 交叉溶解

在此过渡效果中，素材 B 在素材 A 淡出之前淡入，图 8-92 显示了"交叉溶解"设置和预览效果。

图 8-92　交叉溶解

3. 叠加溶解

此过渡效果创建从一个素材到下一个素材的淡化，图 8-93 显示了"叠加溶解"设置和预览效果。

图 8-93　叠加溶解

4. 渐隐为白色

在此过渡效果中，素材 A 淡化为白色，然后淡化为素材 B。图 8-94 显示了"渐隐为白色"设置和预览效果。

图 8-94　渐隐为白色

5. 渐隐为黑色

在此过渡效果中，素材 A 逐渐淡化为黑色，然后再淡化为素材 B。图 8-95 显示了"渐隐为黑色"设置和预览效果。

图 8-95　渐隐为黑色

6. 胶片溶解

此过渡效果与"叠加溶解"过渡效果相似，它创建从一个素材到下一个素材的线性淡化。图 8-96 显示了"胶片溶解"设置和预览效果。

图 8-96　胶片溶解

7. 非叠加溶解

在此过渡效果中，素材 B 逐渐出现在素材 A 的彩色区域内。图 8-97 显示了"非叠加溶解"设置和预览效果。

图 8-97　非叠加溶解

8.4.5　滑动过渡效果

滑动过渡效果用于将素材滑入或滑出画面来提供过渡效果。该类过渡效果包括"中心拆分"、"带状滑动"、"拆分"、"推"和"滑动"等效果，如图 8-98 所示。

图 8-98　滑动过渡效果

1. 中心拆分

在此过渡效果中，素材 A 被切分成四个象限，并逐渐从中心向外移动，然后素材 B 将取代素材 A。图 8-99 显示了"中心拆分"选项以及预览效果。

图 8-99　中心拆分过渡

2. 带状滑动

在此过渡效果中，矩形条带从屏幕右边和屏幕左边出现，逐渐用素材 B 替代素材 A。在使用此过渡效果时，单击"自定义"按钮，打开"带状滑动设置"对话框，可以设置需要滑动的条带数，如图 8-100 所示。

图 8-100　带状滑动过渡

3. 拆分

在此过渡效果中，素材 A 从中间分裂并显示后面的素材 B，该效果类似于打开两扇分开的门来显示房间内的东西。图 8-101 显示了"拆分"选项以及预览效果。

图 8-101　拆分过渡

4. 推

在此过渡效果中，素材 B 将素材 A 推向一边。可以将此过渡效果的推挤方式设置为从西到东、从东到西、从北到南或从南到北，如图 8-102 所示。

5. 滑动

在此过渡效果中，素材 B 逐渐滑动到素材 A 的上方。用户可以设置过渡效果的滑动方式，过渡效果的滑动方式可以是从北西向南东、从南东向北西、从北东向南西、从南西向北东、从西向东、从东向西、从北向南或从南向北，如图 8-103 所示。

图 8-102　推过渡

图 8-103　滑动过渡

8.4.6　缩放过渡效果

缩放过渡效果中有一个"交叉缩放"效果，如图 8-104 所示。此过渡效果缩小素材 B，然后逐渐放大它，直到占据整个画面。图 8-105 显示了"交叉缩放"选项以及预览效果。

图 8-104　缩放过渡效果

图 8-105　交叉缩放过渡

8.4.7　页面剥落过渡效果

页面剥落过渡效果模仿翻转显示下一页的书页，素材 A 在第一页上，素材 B 在第二页上，页面剥落过渡效果包括"翻页"和"页面剥落"两种过渡，如图 8-106 所示。

图 8-106　页面剥落过渡效果

1. 翻页

使用此过渡效果，页面将翻转，但不发生卷曲。在翻转显示素材 B 时，可以看见素材 A 颠倒出现在页面的背面。图 8-107 显示了"翻页"设置和预览效果。

图 8-107　翻页过渡

2. 页面剥落

在此过渡效果中，素材 A 从页面左边滚动到页面右边(没有发生卷曲)来显示素材 B。图 8-108 显示了"页面剥落"设置和预览效果。

图 8-108　页面剥落过渡

8.5　本章小结

本章介绍了 Premiere Pro CC 2017 视频过渡的应用，读者需要重点掌握在效果面板中管理效果、添加视频过渡效果、应用默认过渡效果、设置效果的默认持续时间、更改过渡效果的持续时间、修改过渡效果的对齐方式等操作，并熟悉各个过渡效果的作用。

8.6　思考与练习

1. 在 Premiere Pro CC 2017_____面板的_____效果文件夹中存储了不同的过渡效果。

2. 默认情况下，Premiere Pro CC 2017 的默认过渡效果为_____，该效果的图标有一个蓝色的边框。

3. _____过渡效果将沿垂直轴翻转素材 A 来显示素材 B。

4. 在_____过渡效果中，素材 B 出现在画面左上角的一个小矩形框中。在擦除过程中，该矩形框逐渐变大，直到素材 B 替代素材 A。

5. 场面过渡的依据有哪些？

6. 什么是技巧过渡？技巧过渡的方法有哪些？

7. 什么是无技巧过渡？

8. Premiere Pro CC 2017 的视频过渡效果存放在什么地方？

9. Premiere Pro CC 2017 的视频过渡效果包括哪几种类型？

10. 划像过渡的效果是什么？

11. 擦除过渡的效果是什么？

12. 溶解过渡的效果是什么？

13. 滑动过渡的效果是什么？

14. 页面剥落过渡的效果是什么？

15. 新建一个项目文件和一个序列，在项目面板中导入素材文件，并将各个素材的持续时间改为3秒，然后依次将过渡效果中的"立方体旋转"、"带状滑动"、"百页窗"、"风车"效果添加到各个素材的入点处，如图8-109所示。编辑好的视频节目效果如图8-110所示。

图 8-109　添加过渡效果

图 8-110　影片预览效果

第9章 运动效果

Premiere 的"运动"效果控件用于缩放、旋转和移动素材。通过"运动"控件制作动画,设置关键帧随着时间变化的运动,可以使原本枯燥乏味的图像灵活灵现起来。

本章将学习视频运动效果的编辑操作,包括对视频运动参数的介绍、关键帧的添加与设置、运动效果的应用等。

9.1 关键帧动画

在 Premiere 中进行运动效果设置,离不开关键帧的设置。在进行运动效果设置之前,首先了解一下关键帧动画。

9.1.1 认识关键帧动画

帧是动画中最小单位的单幅影像画面,相当于电影胶片上的每一格镜头。在动画软件的时间轴上,帧表现为一格或一个标记。关键帧相当于二维动画中的原画,指角色或物体在运动或变化中的关键动作所处的那一帧。关键帧与关键帧之间的动画可以由软件来创建,叫作过渡帧或中间帧。

任何动画要表现运动或变化,至少前后要给出两个不同的关键状态,而中间状态的变化和衔接,可以由计算机自动完成,表示关键状态的帧动画叫作关键帧动画。

所谓关键帧动画,就是给需要动画效果的属性,准备一组与时间相关的值,这些值都是在动画序列中比较关键的帧中提取出来的;而其他时间帧中的值,可以用这些关键值,采用特定的插值方法计算得到,从而达到比较流畅的动画效果。

使用关键帧可以创建动画、效果和音频属性,以及其他一些随时间变化而变化的属性。关键帧标记指示设置属性的位置,如空间位置、不透明度或音频的音量。关键帧之间的属性数值会被自动计算出来。当使用关键帧创建随时间而产生变化的动画时,至少需要两个关键帧,一个处于变化的起始位置的状态,而另一个处于变化的结束位置的新状态。使用多个关键帧时,可以通过复制关键帧属性进行变化效果的复制。

9.1.2 关键帧的设置原则

使用关键帧创建动画时,可以在效果控件面板或时间轴面板中查看并编辑关键帧。有时,使用时间轴面板设置关键帧,可以更直观、更方便地对动画进行调节。在设置关键帧时,遵守以下原则可以提高工作的效率。

1) 在时间轴面板中编辑关键帧,适用于只具有一维数值参数的属性,如不透明度、音频音量。效果控件面板则更适合于二维或多维数值的设置，如位置、缩放或旋转等。

2) 在时间轴面板中，关键帧数值的变换，会以图像的形式进行展现。因此，可以直观分析数值随时间变换的趋势。

3) 效果控件面板可以一次性显示多个属性的关键帧，但只能显示所选的素材片段，而时间轴面板可以一次性显示多个轨道中多个素材的关键帧，但每个轨道或素材仅显示一种属性。

4) 效果控件面板也可以像时间轴面板一样，以图像的形式显示关键帧。一旦某个效果属性的关键帧功能被激活，便可以显示其数值及速率图。

5) 音频轨道效果的关键帧可以在时间轴面板或音频混合器面板中进行调节。

9.2 认识效果控件面板

在 Premiere 中，由于运动效果的关键帧属性具有二维数值。因此，素材的运动效果需要在效果控件面板中进行设置。

9.2.1 视频运动参数详解

在效果控件面板中单击"运动"选项组旁边的三角形按钮，展开"运动"控件，其中包含了位置、缩放、缩放宽度、旋转、锚点和防闪烁滤镜等控件，如图 9-1 所示。

图 9-1 "运动"效果控件参数

单击各选项前的三角形按钮，将展开该选项的具体参数，拖动各选项中的滑块可以进行参数的设置，如图 9-2 所示。在每个控件对应的参数上单击鼠标，可以输入新的数值进行参数修改，也可以在参数值上按下鼠标左键并左右拖动来修改参数，如图 9-3 所示。

图 9-2　拖动滑块

图 9-3　拖动数值

1. 位置

该参数用于设置素材相对于整个屏幕所在的坐标。当项目的视频帧尺寸大小为 720×576 而当前的位置参数为 360×288 时，那么编辑的视频中心正好对齐节目窗口的中心。在 Premiere Pro CC 2017 的坐标系中，左上角是坐标原点位置(0，0)，横轴和纵轴的正方向分别向右和向下设置，右下角是离坐标原点最远的位置，坐标为(720，576)。所以，增加横轴和纵轴坐标值时，视频片段素材对应向右和向下运动。

单击效果控件面板中的"运动"选项，使其变为灰色，这样就会在节目监视器面板中出现运动的控制点，这时就可以在节目监视器面板中选择并拖动素材，改变素材的位置，如图 9-4 所示。

图 9-4　拖动改变素材的位置

2. 缩放

该参数用于设置素材的尺寸百分比。当其下方的"等比缩放"复选框未被选中时，"缩放"用于调整素材的高度；同时其下方的"缩放宽度"选项呈可选状态，此时可以只改变对象的高度或宽度。当"等比缩放"复选框被选中时，对象只能按照比例进行缩放变化。

3. 旋转

该参数用于调整素材的旋转角度。当旋转角度小于 360 度时，参数设置只有一个，如图 9-5 所示。当旋转角度超过 360 度时，属性变为两个参数：第一个参数指定旋转的周数，第二个参数指定旋转的角度，如图 9-6 所示。

图 9-5　旋转角度小于 360 度　　　　　　　　图 9-6　旋转角度大于 360 度

4. 锚点

默认状态下，锚点(即定位点)设置在素材的中心点。调整锚点参数可以使锚点远离视频中心，例如，将锚点调整到视频画面的其他位置，利于创建特殊的旋转效果，如图 9-7 所示。

图 9-7　调整锚点的位置

5. 防闪烁滤镜

通过将防闪烁滤镜关键帧设置为不同值，可以更改防闪烁滤镜在剪辑持续时间内变化的强度。单击"防闪烁滤镜"选项旁边的三角形，展开该控件参数，向右拖动"防闪烁滤镜"滑块，可以增加滤镜的强度。

9.2.2　关键帧的添加与设置

默认情况下，对视频运动参数的修改是整体调整，Premiere 不记录关键帧。在 Premiere 中进行的视频运动设置，建立在关键帧的基础上。在设置关键帧时，可以分别对位置、缩放、旋转和锚点 4 种视频运动方式进行独立设置。

1. 开启动画记录

如果要保存某种运动方式的动画记录，需要单击该运动方式前面的"切换动画"开关按钮，这样才能将此方式下的参数变化记录成关键帧。例如，单击"位置"前面的"切换动画"开关按钮，如图 9-8 所示，将开启并保存位置运动方式的动画记录，如图 9-9 所示。

图 9-8　单击"切换动画"按钮

图 9-9　开启动画记录

注意：

开启动画记录后，再次单击"切换动画"开关按钮，将删除此运动方式下的所有关键帧。单击效果控件面板中"运动"右边的"重置"按钮，将清除素材片段上施加的所有运动效果，还原到初始状态。

2. 添加关键帧

视频素材要产生运动效果，需要在素材片段上添加两个或两个以上关键帧。用户可以通过时间轴面板或效果控件面板两种方式来添加关键帧。

通过时间轴面板，可以在素材中快速添加或删除关键帧，并可以控制关键帧在时间轴面板中是否可见。若要使用该方式添加关键帧，只需要在时间轴面板中选择要添加关键帧的素材片段，并将当前的时间轴编辑点拖动到要添加关键帧的位置，然后单击"添加-移除关键帧"按钮，即可添加关键帧，如图 9-10 所示。

而在效果控件面板中，不仅可以添加或删除关键帧，还可以通过对关键帧各项参数的设置来实现素材的运动效果，如图 9-11 所示。

图 9-10　添加关键帧

图 9-11　设置关键帧

3. 选择关键帧

编辑素材的关键帧时，首先需要选中关键帧，然后才能对关键帧进行相关的操作。用户可以直接单击关键帧将其选中，也可以通过效果控件面板中的"转到上一关键帧"按钮和"转到下一关键帧"按钮来选择关键帧。

注意：

在视频编辑中，有时需要选择多个关键帧进行统一编辑。要在效果控件面板中选择多个关键帧，可以按住 Ctrl 或 Shift 键，依次单击要选择的各个关键帧即可。或是通过按住并拖动鼠标的方式框选多个关键帧。

4. 移动关键帧

为素材添加关键帧后，如果需要将关键帧移动到其他位置，只需要选择要移动的关键帧，单击并拖动至合适的位置，然后释放鼠标即可。

5. 复制与粘贴关键帧

在设置影片运动特效的过程中，如果某一素材上的关键帧具有相同的参数，则可以利用关键帧的复制和粘贴功能。若要将某个关键帧复制到其他位置，可以在效果控件面板中右击要复制的关键帖，在弹出的快捷菜单中选择"复制"命令，然后将时间轴移到新位置，再右击鼠标，在弹出的快捷菜单中选择"粘贴"命令，即可完成关键帧的复制与粘贴操作。

6. 删除关键帧

选中关键帧，按 Delete 键即可删除关键帧，或者在选中的关键帧上右击鼠标，然后在弹出的快捷菜单中选择"清除"命令，将所选关键帧删除；也可以在效果控件面板中单击"添加/移除关键帧"按钮删除所选关键帧。

7. 关键帧插值

默认状态下，Premiere 中关键帧之间的变化为线性变化，如图 9-12 所示。除了线性变化外，Premiere Pro CC 2017 还提供了贝塞尔曲线、自动贝塞尔曲线、连续贝塞尔曲线、定格、缓入和缓出等多种变化方式，如图 9-13 所示。

图 9-12　线性关键帧属性值　　　　　　　图 9-13　各种关键帧属性值

- 线性：在两个关键帧之间实现恒定速度的变化。
- 贝塞尔曲线：可以手动调整关键帧图像的形状，从而创建平滑的变化。
- 自动贝塞尔曲线：自动创建平稳速度的变化。
- 连续贝塞尔曲线：可以手动调整关键帧图像的形状，从而创建平滑的变化。连续贝塞尔曲线与贝塞尔曲线不同的是：前者的两个调节手柄始终在一条直线上，调节一个手柄时，另一个手柄将发生相应的变化；后者是两个独立的调节手柄，可以单独调节其中一个手柄，如图 9-14 和图 9-15 所示。

- 定格：不会逐渐地改变属性值，会使效果发生快速变化。
- 缓入：减慢属性值的变化，逐渐地过渡到下一个关键帧。
- 缓出：加快属性值的变化，逐渐地离开上一个关键帧。

图 9-14 连续贝塞尔曲线手柄   图 9-15 贝塞尔曲线手柄

注意：

选择了关键帧的曲线变化方式后，可以利用钢笔工具来调整曲线的手柄，从而调整曲线的形状。使用效果控件面板中的速度曲线可以调整效果变化的速度，通过调整速度曲线可以模拟真实世界中物体的运动效果。

9.3 应用运动效果

在 Premiere 中，可以控制的运动效果包括位置、缩放和旋转等。要在 Premiere 中创建运动效果，首先需要创建一个项目，并在时间轴面板中选中素材，然后可以使用"运动"效果控件调整素材。

9.3.1 移动效果

移动效果能够实现视频素材在节目窗口中的移动，是视频编辑过程中经常使用的一种运动效果，该效果可以通过调整效果控件中的位置参数来实现。

【练习 9-1】飘落的树叶。

(1) 新建一个名为"飘落的树叶"的项目文件和一个序列，然后将需要的素材导入到项目面板中，如图 9-16 所示。

(2) 将素材"树林.jpg"添加到时间轴面板的视频 1 轨道中，将素材"树叶.tif"添加到时间轴面板的视频 2 轨道中，如图 9-17 所示。

图 9-16　导入素材　　　　　　　　　　　　图 9-17　添加素材

(3) 在时间轴面板中选中两个视频轨道中的素材，然后选择"剪辑"|"速度/持续时间"命令，在打开的"剪辑速度/持续时间"对话框中设置两个素材的持续时间为 10 秒，如图9-18 所示。

(4) 修改素材的持续时间后，在视频轨道中的显示效果如图 9-19 所示。

图 9-18　设置素材的持续时间　　　　　　图 9-19　素材的持续时间

(5) 选择视频轨道 2 中的"树叶.tif"素材。在效果控件面板中单击"位置"选项前面的"切换动画"按钮，启用动画功能，并自动添加一个关键帧，然后将位置的坐标设置为(360, 120)，如图 9-20 所示，使树叶处于视频画面的上方，如图 9-21 所示。

图 9-20　设置树叶的坐标　　　　　　　　图 9-21　树叶所在的位置

(6) 将时间指示器移到第 3 秒的位置，单击"位置"选项后面的"添加/移除关键帧"按钮，在此处添加一个关键帧。然后将"位置"的坐标值改为(310, 280)，如图 9-22 所示。

(7) 单击效果控件面板中的"运动"选项名称,可以在节目监视器中显示树叶的运动路径,如图 9-23 所示。

图 9-22　添加并设置关键帧

图 9-23　树叶的运动路径

(8) 将时间指示器移到第 6 秒的位置,单击"位置"选项后面的"添加/移除关键帧"按钮，在此处添加一个关键帧。然后将"位置"的坐标值改为(545, 170),如图 9-24 所示。在节目监视器中显示树叶的运动路径,如图 9-25 所示。

图 9-24　添加并设置关键帧

图 9-25　树叶的运动路径

(9) 将时间指示器移到第 9 秒 24 帧的位置,单击"位置"选项后面的"添加/移除关键帧"按钮，在此处添加一个关键帧。然后将"位置"的坐标值改为(450, 550),如图 9-26 所示。在节目监视器中显示树叶的运动路径,如图 9-27 所示。

图 9-26　添加并设置关键帧

图 9-27　树叶的运动路径

(10) 单击节目监视器面板中的"播放-停止切换"按钮 ，可以预览树叶飘动的效果，如图 9-28 所示。

图 9-28　预览树叶飘动的效果

9.3.2　缩放效果

视频编辑中的缩放效果可以作为视频的出场效果，也能实现视频素材中局部内容的特写效果，这是视频编辑常用的运动效果之一。

【练习 9-2】发散的灯光。

(1) 新建一个名为"发散的灯光"的项目文件和一个序列，然后将素材导入到项目面板中，如图 9-29 所示。

(2) 将项目面板中的素材分别添加到时间轴面板中的视频 1 和视频 2 轨道中，如图 9-30 所示。

图 9-29　导入素材

图 9-30　添加素材

(3) 在时间轴面板中选中两个视频轨道中的素材，然后选择"剪辑"|"速度/持续时间"命令，在打开的"剪辑速度/持续时间"对话框中设置两个素材的持续时间为 6 秒，如图 9-31 所示。

(4) 修改素材的持续时间后，在视频轨道中的显示效果如图 9-32 所示。

图 9-31　设置素材的持续时间　　　　　　　　图 9-32　素材的持续时间

(5) 在时间轴面板中选择"光圈.tif"素材。然后在效果控件面板中单击"运动"选项组前面的三角形按钮，展开"运动"选项组，将"位置"的坐标值改为(427, 167)，如图 9-33 所示。在节目监视器面板中对图像进行预览的效果如图 9-34 所示。

图 9-33　修改位置的坐标值　　　　　　　　　图 9-34　图像预览效果

(6) 当时间指示器处于第 0 秒的位置时，单击"缩放"和"不透明度"选项前面的"切换动画"按钮🕐，在此处为各选项添加一个关键帧，并将"缩放"值改为 5，将"不透明度"值改为 0，如图 9-35 所示。在节目监视器面板中对图像进行预览的效果如图 9-36 所示。

图 9-35　修改缩放和不透明度　　　　　　　　图 9-36　图像预览效果

(7) 将时间指示器移动到第 1 秒的位置，单击"缩放"和"不透明度"选项后面的"添加/移除关键帧"按钮◆，为各选项添加一个关键帧。然后将"比例"值改为 20，将"不透明度"值改为 100，如图 9-37 所示。

(8) 将时间指示器移动到第 2 秒 20 帧的位置，单击"缩放"和"不透明度"选项后面的"添加/移除关键帧"按钮 ◆ ，为各选项添加一个关键帧。然后将"比例"值改为 100，将"不透明度"值改为 0，如图 9-38 所示。

图 9-37　修改缩放和不透明度

图 9-38　继续修改缩放和不透明度

(9) 通过按住鼠标左键并拖动鼠标的方式，在时间轴面板中框选创建的所有关键帧，如图 9-39 所示。

(10) 在效果控件面板中选中关键帧后，在任意关键帧对象上单击鼠标右键，在弹出的菜单中选择"复制"命令，如图 9-40 所示。

图 9-39　框选关键帧

图 9-40　选择"复制"命令

(11) 将时间指示器移到第 3 秒的位置，然后单击鼠标右键，在弹出的菜单中选择"粘贴"命令，如图 9-41 所示。对关键帧进行复制后的效果如图 9-42 所示。

图 9-41　选择"粘贴"命令

图 9-42　复制关键帧

(12) 单击节目监视器面板下方的播放按钮 ，对影片进行预览，可以看到灯圈的缩放效果，如图 9-43 所示。

图 9-43　预览缩放运动效果

9.3.3　旋转效果

旋转效果能增加视频的旋转动感，适用于视频或字幕的旋转。在设置旋转的过程中，将素材的锚点设置在不同的位置，其旋转的轴心也不同。

【练习 9-3】随风舞动的落叶。

(1) 打开前面制作的"飘落的树叶"项目文件，然后将其另存为"随风舞动的落叶"。

(2) 当时间指示器处于第 0 秒的位置时，在效果控件面板中单击"旋转"选项前面的"切换动画"按钮 🕙，在此处添加一个关键帧，并保持"旋转"值不变，如图 9-44 所示。

(3) 将时间指示器移动到第 1 秒 20 帧的位置，单击"旋转"选项后面的"添加/移除关键帧"按钮 🔘，在此处添加一个关键帧，并将"旋转"值修改为 270，此时该值将变为 1×0.0°，如图 9-45 所示。

图 9-44　添加一个关键帧　　　　　　　　图 9-45　添加并设置关键帧

(4) 将时间指示器移动到第 2 秒 24 帧的位置，单击"旋转"选项后面的"添加/移除关键帧"按钮 🔘，在此处添加一个关键帧，并将"旋转"值修改为 540，此时该值将变为 1×180.0°，如图 9-46 所示。

(5) 在效果控件面板中选择创建的 3 个旋转关键帧，然后单击右键，在弹出的快捷菜单中选择"复制"命令，如图 9-47 所示。

图 9-46　添加并设置关键帧

图 9-47　选择"复制"命令

　　(6) 将时间指示器移到第 3 秒的位置，然后单击鼠标右键，在弹出的快捷菜单中选择"粘贴"命令，如图 9-48 所示。

　　(7) 将时间指示器移到第 6 秒的位置，继续单击鼠标右键，在弹出的快捷菜单中选择"粘贴"命令，对关键帧进行粘贴，效果如图 9-49 所示。

图 9-48　选择"粘贴"命令

图 9-49　粘贴关键帧

　　(8) 单击节目监视器面板下方的播放按钮 ，对影片进行预览，可以看到树叶在飘动过程中产生了旋转的效果，如图 9-50 所示。

图 9-50　影片预览效果

9.3.4　平滑运动效果

在 Premiere 中不仅可以为素材添加运动效果，还可以使素材沿着指定的路线进行运动。为素材添加运动效果后，默认状态下，素材是以直线状态进行运动的。要改变素材的运动状态，可以在效果控件面板中对关键帧的属性进行修改。

【练习 9-4】调整落叶的飘动线路。

(1) 打开前面制作的"随风舞动的落叶"项目文件，然后将其另存为"调整落叶的飘动线路"。

(2) 在效果控件面板中使用鼠标右键单击"位置"选项中的第一个关键帧，在弹出的菜单中选择"空间插值"|"贝塞尔曲线"命令，如图 9-51 所示。

(3) 在效果控件面板中单击"运动"选项名称，然后在节目监视器面板中单击树叶将其选中，再拖动路径节点的贝塞尔手柄，调节路径的平滑度，如图 9-52 所示。

图 9-51　选择"贝塞尔曲线"命令

图 9-52　调节贝塞尔手柄

(4) 选中"位置"选项中的后面三个关键帧，然后在关键帧上单击鼠标右键，在弹出的菜单中选择"空间插值"|"连续贝塞尔曲线"命令，如图 9-53 所示。

(5) 在节目监视器面板中拖动路径中其他节点的贝塞尔手柄，调节路径的平滑度，如图 9-54 所示。

图 9-53　选择"连续贝塞尔曲线"命令

图 9-54　调整贝塞尔手柄

(6) 单击节目监视器面板中的"播放-停止切换"按钮 ，可以预览到树叶飘动的路径为曲线形状，如图 9-55 所示。

图 9-55　预览树叶飘动效果

9.4　本章小结

本章介绍了 Premiere Pro CC 2017 运动效果的编辑操作，读者需要了解关键帧动画和关键帧设置原则，重点掌握视频运动参数的作用、关键帧的添加与设置方法，以及运动效果的具体应用等内容。

9.5　思考与练习

1. 移动效果能够实现视频素材在节目窗口中的移动，该效果可以通过调整效果控件中的_____参数来实现。

2. 在 Premiere Pro CC 2017 的运动效果中，_____参数用于设置素材的尺寸百分比。

3. 旋转参数用于调整素材的_____。

4. 当旋转角度小于_____时，旋转参数设置只有一个。当旋转角度超过_____时，属性变为两个参数：第一个参数指定旋转的_____，第二个参数指定旋转的_____。

5. 在"运动"选项组中，_____控制素材的中心点所在的坐标。

6. 在设置旋转的过程中，将素材的_____设置在不同的位置，其旋转的轴心也不同。

7. 选中关键帧，按_____键即可删除关键帧，

8. 默认状态下，Premiere 中关键帧之间的变化为_____。

9. 在视频编辑中，关键帧动画是什么？

10. 为了提高视频编辑效率，设置关键帧一般应遵守什么原则？

11. Premiere Pro CC 2017 的关键帧插值提供了哪些变化方式？

12. 新建一个项目文件和一个序列，在项目面板中导入"气球.tif"和"风景.jpg"素材，

并将"风景.jpg"素材添加到时间轴面板的视频 1 轨道中，将"气球.tif"素材添加到时间
轴面板的视频 2 轨道中，然后在效果控件面板中添加气球的关键帧，并设置位置参数，如
图 9-56 所示。编辑好的视频节目效果如图 9-57 所示。

图 9-56　设置关键帧

图 9-57　影片预览效果

第10章 视频效果

在视频中添加视频效果，可以使视频画面更加绚丽多彩。在 Premiere Pro CC 2017 中可以通过使用各种视频效果，使视频产生扭曲、模糊、幻影、镜头光晕、闪电等特殊效果。本章将详细介绍 Premiere Pro CC 2017 中视频效果的操作、类型与应用。

10.1　视频效果基本操作

视频效果是一些由 Premiere 封装好的程序，专门用于处理视频画面，并且按照指定的要求实现各种视觉效果。Premiere Pro CC 2017 的视频效果集合在效果面板中。

10.1.1　视频效果概述

在 Premiere 中，视频效果是指对素材运用视频特效。视频效果处理过程就是将原有素材或已经处理过的素材，经过软件中内置的数字运算和处理，将处理好的素材再按照用户的要求输出。运用视频效果，可以修补视频素材中的缺陷，也可以产生特别的效果。

对视频素材添加视频效果后，可以使图像看起来更加绚丽多彩，使枯燥的视频变得生动起来，从而产生不同于现实的视频效果。选择"窗口"|"效果"命令，打开效果面板，然后单击"视频效果"文件夹前面的三角形将其展开，会显示一个效果列表，如图 10-1 所示。展开一个效果类型文件夹，可以显示该类型包含的效果内容，如图 10-2 所示。

图 10-1　效果类型列表

图 10-2　显示效果内容

10.1.2　视频效果的管理

使用 Premiere 视频效果时，可以使用效果面板的功能选项对其进行辅助管理。

- 查找效果：在效果面板顶部的查找字段中输入想要查找的效果名称，Premiere 将会自动查找指定的效果，如图 10-3 所示。
- 新建文件夹：单击效果面板底部的"新建自定义素材箱"图标，可以新建一个文件夹来对效果进行管理，如图 10-4 所示。
- 重命名文件夹：自定义文件夹的名称可以随时修改。选中自定义的文件夹，然后单击文件夹名称，当文件夹名称高亮显示时，在名称字段中输入想要的名称。
- 删除文件夹：选中自定义文件夹，单击面板底部的"删除自定义项目"图标，并在出现的提示框中单击"确定"按钮。

图 10-3　查找效果

图 10-4　新建文件夹

10.1.3　添加视频效果

为素材使用视频效果的操作方法与添加视频过渡的操作方法相似。在效果面板中选择一个视频效果，将其拖到时间轴面板中的素材上，就可以将该视频效果应用到素材上。

【练习 10-1】创建镜头光晕。

(1) 新建一个项目文件和一个序列，然后在项目面板中导入素材对象，如图 10-5 所示。

(2) 将项目面板中的素材添加到时间轴面板中的视频 1 轨道中，如图 10-6 所示。

图 10-5　导入素材

图 10-6　添加素材

(3) 选择"窗口"|"效果"命令，打开效果面板，选择"视频"|"效果"|"生成"|"镜头光晕"视频效果，如图 10-7 所示。

(4) 将选择的视频效果拖动到时间轴面板中的素材上，即可在该素材上应用选择的效果。效果控件面板中将显示添加的效果，如图 10-8 所示。

图 10-7 选择"镜头光晕"效果

图 10-8 添加的"镜头光晕"效果

(5) 在节目监视器面板可以预览添加的"镜头光晕"效果，原图与添加"镜头光晕"效果后的对比效果如图 10-9 和图 10-10 所示。

图 10-9 添加效果前

图 10-10 添加效果后

10.1.4 禁用和删除视频效果

对素材添加某个视频效果后，用户可以暂时对添加的效果进行禁用，也可以将其删除。具体方法如下：

1. 禁用效果

对素材添加视频效果后，如果需要暂时禁用该效果，可以在效果控件面板中单击效果前面的"切换效果开关"按钮 ，如图 10-11 所示。此时，该效果前面的图标将变成禁用图标 ，即可禁用该效果，如图 10-12 所示。

注意：

禁用效果后，再次单击效果前面的"切换效果开关"按钮 ，可以重新启用该效果。

图 10-11　单击按钮

图 10-12　禁用效果

2. 删除效果

对素材添加视频效果后，如果需要删除该效果，可以在效果控件面板中选中该效果，然后单击效果控件面板右上角的菜单按钮 ，在弹出的菜单中选择"移除所选效果"命令，即可将选中的效果删除，如图 10-13 所示。

如果对某个素材添加了多个视频效果，可以单击效果控件面板右上角的菜单按钮 ，在弹出的菜单中选择"移除效果"命令，打开"删除属性"对话框。在该对话框中可以选择多个要删除的视频效果，然后将其删除，如图 10-14 所示。

图 10-13　选择命令

图 10-14　选择要移除的效果

注意：

对素材添加视频效果后，在效果控件面板中选中该效果，可以按 Delete 键快速将其删除。

10.2　编辑视频效果

对素材添加视频效果后，可以在效果控件面板中对其参数进行设置，也可以通过添加关键帧在不同时间段设置不同的效果。

10.2.1　设置视频效果参数

在时间轴面板中选择已经添加视频效果的素材，然后在效果控件面板中可以看到为素材添加的视频效果，如图 10-15 所示("波形变形"视频效果)。单击视频效果中各选项前面的三角形按钮，可以展开该效果的参数选项，如图 10-16 所示。

图 10-15　效果控件面板

图 10-16　展开效果参数

在效果控件面板中可以通过拖动参数中的滑块，或是在参数文本框中输入参数值来调节其中的参数，从而更改图像的效果。例如，图 10-17 所示的图像是对素材添加"波形变形"后的效果，当增加"波形变形"效果的波形高度和波形宽度后，可以得到如图 10-18 所示的效果。

图 10-17　"波形变形"效果

图 10-18　修改效果参数后

10.2.2　设置效果关键帧

同编辑运动效果一样，为素材添加视频效果后，在效果控件面板中单击"切换动画"按钮 ，将开启视频效果的动画设置功能，同时在当前时间位置创建一个关键帧，如图 10-19 所示。开启动画设置功能后，可以通过创建和编辑关键帧对视频效果进行动画设置。

在效果控件面板中开启动画设置功能后，将时间指示器移到新的位置，可以通过单击参数后方的"添加/移除关键帧"按钮 ，在指定的时间位置添加或删除关键帧。添加关键帧后，可以通过修改关键帧的参数，编辑当前时间位置的视频效果，如图 10-20 所示。

图 10-19　开启动画设置功能

图 10-20　修改关键帧参数

10.3　常用视频效果详解

在 Premiere Pro CC 2017 中提供了多达 100 种的视频效果，被分类保存在 18 个文件夹中。由于 Premiere Pro CC 2017 的视频效果太多，这里只对比较常用的视频效果进行详细介绍。

10.3.1　变换效果

在"变换"文件夹中包含了 4 种效果，主要用来变换画面的效果，如图 10-48 所示。各种效果的功能及参数如下：

1. 垂直翻转

在素材上运用该效果，可以将画面沿水平中心翻转 180°，类似于倒影效果，所有的画面都是翻转的，如图 10-21、图 10-22 和图 10-23 所示。该效果没有可设置的参数。

图 10-21　"变换"效果

图 10-22　原图像效果

图 10-23　垂直翻转效果

2. 水平翻转

在素材上运用该效果，可以将画面沿垂直中心翻转 180°，效果与垂直反转类似，只是方向不同而已，如图 10-24 和图 10-25 所示。该效果没有可设置的参数。

3. 羽化边缘

在素材上运用该效果，通过在效果控件面板中调节羽化边缘的数量，如图 10-26 所示，可以在画面周围产生羽化效果，如图 10-27 所示。

图 10-24　原图像效果

图 10-25　水平翻转效果

图 10-26　羽化边缘设置

图 10-27　羽化边缘效果

4. 裁剪

裁剪效果用于裁剪素材的画面，通过调节效果控件面板中的参数，如图 10-28 所示，可以从上、下、左、右四个方向裁剪画面。图 10-29 所示是将画面右侧裁剪后的效果。

图 10-28　调节裁剪参数

图 10-29　裁剪右侧画面

10.3.2　图像控制效果

在"图像控制"文件夹包含了 5 种视频效果，如图 10-30 所示，该类效果主要用于改变影片的色彩。各种效果的功能及参数如下：

1. 灰色系数校正

在素材上运用该效果，可以在不改变图像的高亮区域和低亮区域的情况下，使图像变亮或变暗。在效果控件面板中可以控制灰色的系数，如图 10-31 所示。

图 10-30　"图像控制"效果　　　　　　　　图 10-31　调节灰度系数

图 10-32 和图 10-33 所示是应用"灰色系数校正"效果后的效果对比。

图 10-32　原图像效果　　　　　　　　　　图 10-33　灰色系数校正效果

2. 颜色平衡

在素材上运用该效果，可以通过调节效果控件面板中的红色、绿色、蓝色参数改变画面的色彩，以达到校色的目的，如图 10-34 所示。例如，对图像添加蓝色值后的效果如图 10-35 所示。

图 10-34　颜色平衡参数　　　　　　　　　　图 10-35　添加蓝色值的效果

3. 颜色替换

在素材上运用该效果，可以用指定的颜色代替选中的颜色以及与之相似的颜色。在效果控件面板中可以设置目标颜色和替换颜色，以及颜色的相似性，如图 10-36 所示。在效果控件面板中单击目标颜色或替换颜色图标，可以在打开的"拾色器"对话框中选择要替换的目标颜色或需要使用的颜色，如图 10-37 所示。

　　　图 10-36　设置颜色参数　　　　　　　　　图 10-37　"拾色器"对话框

注意：

在对图像进行颜色替换的过程中，也可以使用效果控件面板中的吸管工具 ，在图像中吸取选择要替换的颜色和需要使用的颜色。

4. 颜色过滤

颜色过滤效果可以将图像中未指定的单个颜色转换成灰度，如图 10-38 所示。使用颜色过滤效果可强调图像的特定区域，图 10-39 所示是将图像中金黄色以外的颜色转换为灰度后的效果。

　　　图 10-38　设置颜色过滤　　　　　　　　　图 10-39　颜色过滤效果

5. 黑白

在素材上运用该效果，可以直接将彩色图像转换成灰度图像，该效果没有可设置的参数。

10.3.3　扭曲效果

在"扭曲"文件夹中包含了 12 种视频效果，如图 10-40 所示，该效果主要用于对图像进行几何变形。

1．位移

在素材上运用该效果，可以对图像进行偏移，从而产生重影效果，并且可以设置偏移后的画面与原画面之间的距离，如图 10-41 所示。

图 10-40　"扭曲"效果类型

图 10-41　"位移"效果

图 10-42 和图 10-43 是对素材运用"位移"效果后的对比效果。

图 10-42　原图像效果

图 10-43　应用偏移效果

2．变换

该效果可以对图像的位置、尺寸、透明度、倾斜、旋转等进行综合设置，其参数如图 10-44 所示。图 10-45 所示是对画面进行旋转处理后的效果。

3．放大

在素材上运用该效果，可以对图像的局部进行放大处理。通过该效果的参数设置，可以选择圆形放大或是正方形放大，如图 10-46 所示。图 10-47 所示是对图像右方的建筑进行圆形放大的效果。

图 10-44　"变换"效果参数

图 10-45　旋转画面

图 10-46　"放大"效果参数

图 10-47　圆形放大局部

- 形状：选择圆形或正方形放大图像。
- 中央：用于指定放大的位置。
- 放大率：用于设置放大画面的比例。
- 链接：在右方的列表中有 3 种放大形式供用户选择，如图 10-48 所示。
- 大小：用于设置放大区域的范围大小。
- 羽化：通过羽化设置，可以使放大的边缘与原图像自然融合。
- 不透明度：用于设置放大后图像的透明度，降低不透明度可以显示放大的图像与原图像两个画面效果，如图 10-49 所示。
- 缩放；在右方的列表中有标准、柔和、扩散 3 种选项供用户选择。
- 混合模式：用于设置放大后的图像与原图像之间的混合效果。

图 10-48　3 种放大形式

图 10-49　设置透明度

4. 旋转

在素材上运用该效果，可以将图像制作出沿中心轴旋转的效果，如图 10-50 所示。通过效果参数可以调整扭曲的角度和强度，如图 10-51 所示。

图 10-50　旋转效果

图 10-51　旋转参数

5. 波形变形

在素材上运用该效果，可以制作出水面的波浪效果，如图 10-52 所示。通过效果的参数可以设置波形的类型、方向和强度等，如图 10-53 所示。

图 10-52　波形变形效果

图 10-53　设置变形参数

6. 球面化

在素材上运用该效果，可以制作出球形的画面效果，如图 10-54 所示。该效果的参数如图 10-55 所示。

图 10-54　球面化效果

图 10-55　球面化参数

- 半径：用于设置球形的半径。
- 球面中心：用于设置球形中心的坐标。

7. 紊乱置换

在素材上运用该效果，可以使画面产生杂乱的变形效果，如图 10-56 所示。在效果参数中可以设置多种置换模式，如图 10-57 所示。

图 10-56　紊乱置换效果

图 10-57　设置置换模式

8. 边角定位

在素材上运用该效果，可以使图像的四个顶点发生位移，以达到变形画面的效果，如图 10-58 所示。该效果中的 4 个参数分别代表图像四个顶点的坐标，如图 10-59 所示。

图 10-58　移动左上角的效果

图 10-59　边角定位参数

9. 镜像

在素材上运用该效果，设置效果的参数值，如图 10-60 所示。可以将图像沿一条直线分割为两部分，并制作出镜像效果，如图 10-61 所示。

- 反射中心：用于设置镜像的中心点的坐标。
- 反射角度：用于设置镜像图像的角度。

10. 镜头扭曲

在素材上运用该效果，可以使画面沿垂直轴和水平轴扭曲，制作出用变形透视镜观察对象的效果，如图 10-62 所示。应用该效果时，可以在效果控件面板中设置镜头扭曲参数，如图 10-63 所示。

图 10-60　设置参数

图 10-61　镜像图像

图 10-62　变形透视镜效果

图 10-63　镜头扭曲设置

10.3.4　时间效果

在"时间"文件夹中包含了抽帧时间和残影两种视频效果，如图 10-64 所示，该类效果主要用于改变图像的帧速率和制作残影效果。

1. 抽帧时间

该视频效果主要用于设置素材的帧速率，其中的参数如图 10-65 所示。

图 10-64　"时间"类型效果

图 10-65　"抽帧时间"效果参数

2. 残影

该视频效果可以将多个画面重叠在一起，从而增强画面的亮度和色彩，在各画面之间可以设置重叠模式，其中的参数如图 10-66 所示。调节残影数量后的效果如图 10-67 所示。

图 10-66 "残影"效果参数　　　　　　　　　　图 10-67 残影效果

10.3.5 杂色与颗粒效果

在"杂色与颗粒"文件夹中包含了 6 种视频效果，如图 10-68 所示，该类效果主要用于对图像添加杂色等效果。

1. 中间值

在素材上运用该效果，可以使画面效果变得模糊。通过调节效果参数中的半径值，如图 10-69 所示，可以控制画面的模糊程度，如图 10-70 所示。

图 10-68 "杂色与颗粒"类型效果　　　图 10-69 中间值参数　　　　图 10-70 中间值效果

2. 杂色

在素材上运用该效果，可以在画面上添加杂色颗粒效果，如图 10-71 所示。设置参数中的杂色数量可以调节杂色的多少，如图 10-72 所示。

图 10-71 杂色效果　　　　　　　　　　图 10-72 杂色参数

3. 杂色 Alpha

该效果类似于"杂色"效果，该效果有更多的可控参数，如图 10-73 所示。运用该效果后的效果如图 10-74 所示。

图 10-73　杂色 Alpha 参数　　　　　　　　　图 10-74　杂色 Alpha 效果

4. 杂色 HLS

在素材上运用该效果，可以为画面添加杂色颗粒效果，并且可以调节画面的色相、明度和饱和度等效果，如图 10-75 所示。运用该效果后的效果如图 10-76 所示。

图 10-75　杂色 HLS 参数　　　　　　　　　图 10-76　杂色 HLS 效果

5. 杂色 HLS 自动

该效果的功能类似于杂色 HLS，其参数如图 10-77 所示，该效果如图 10-78 所示。

图 10-77　杂色 HLS 自动参数　　　　　　　　图 10-78　杂色 HLS 自动效果

6. 蒙尘与划痕

该效果可以将图像中有缺陷的像素融入周围的像素中，从而达到除尘和涂抹的效果，如图 10-79 所示。该效果的参数如图 10-80 所示。

图 10-79　蒙尘与划痕效果

图 10-80　蒙尘与划痕参数

10.3.6　模糊与锐化效果

在"模糊与锐化"文件夹中包含 7 种效果，如图 10-81 所示，主要用来调整画面的模糊和锐化效果。

1. 复合模糊

该效果可以使时间轴面板中指定视频轨道中的素材产生模糊效果，其参数如图 10-82 所示。

图 10-81　"模糊与锐化"类型效果

图 10-82　复合模糊参数

对素材使用复合模糊的对比效果如图 10-83 和图 10-84 所示。

图 10-83　原画面效果

图 10-84　复合模糊效果

2. 方向模糊

该效果可以设置画面的模糊方向和模糊程度，如图 10-85 所示，使画面产生一种运动的效果，如图 10-86 所示。

图 10-85　设置方向模糊

图 10-86　方向模糊效果

3. 相机模糊

在素材上运用该效果，可以产生图像离开相机焦点范围时产生的"虚焦"效果。在效果参数中可以设置模糊的百分比，如图 10-87 所示。应用该效果时，可以在效果控件面板中单击"设置"按钮，然后在打开的"相机模糊设置"对话框中对画面进行实时调节，如图 10-88 所示。

图 10-87　相机模糊参数

图 10-88　"相机模糊设置"对话框

4. 通道模糊

在素材上运用该效果，可以对素材的不同通道进行模糊，包括对 Red、Green、Blue 和 Alpha 通道模糊程度的调整，如图 10-89 所示。通道模糊的效果如图 10-90 所示。

- 边缘特性：选中该选项中的"重复边缘像素"复选框，可以使图像边缘更透明。
- 模糊维度：用于调整模糊的方向。

5. 钝化蒙版

该效果用于调整图像的色彩锐化程度，可以使相邻像素材的边缘呈高亮显示，如图 10-91 所示，其参数如图 10-92 所示。

图 10-89　通道模糊参数

图 10-90　通道模糊效果

图 10-91　钝化蒙版效果

图 10-92　钝化蒙版参数

- 数量：用于设置锐化程度。
- 半径：用于设置锐化的区域。
- 阈值：用于调整颜色区域。

6. 锐化

在素材上运用该效果，可以通过调节其中的"锐化量"参数，如图 10-93 所示，增加相邻像素间的对比度，使图像变得更清晰，如图 10-94 所示。

图 10-93　调节锐化参数

图 10-94　锐化效果

7. 高斯模糊

该效果可以大幅度地模糊图像，使其产生虚化效果，如图 10-95 所示，该效果的参数如图 10-96 所示。

图 10-95　高斯模糊效果

图 10-96　高斯模糊参数

- 模糊度：用于调节和控制模糊程度，值越大，图像越模糊。
- 模糊尺寸：在右方的下拉列表框中可以选择图像的模糊方向，包括"水平和垂直"、"水平"与"垂直" 3 个方向。

10.3.7　生成效果

在"生成"文件夹中包含以下 12 种效果，主要用来创建一些特殊的画面效果，如图 10-97 所示。

1. 书写

书写效果可以在素材上进行绘画操作。例如，用户可以通过设置"书写"的位置关键帧和参数，模拟草体文字或签名的手写动作，其参数的设置如图 10-98 所示。

图 10-97　"生成"类型效果

图 10-98　书写参数

- 画笔位置：设置画笔的位置。开启动画功能后，通过设置不同的关键帧可以创建书写效果，如图 10-99 所示。
- 颜色：设置画笔的颜色，默认情况下为白色。
- 画笔大小：设置画笔的大小。
- 画笔硬度：设置画笔的边缘硬度。

- 画笔不透明度：设置画笔的不透明度，默认情况下为 100。当不透明度为 0 时，画笔将不可见。
- 描边长度(秒)：每个画笔标记的持续时间，以秒为单位。如果此值为 0，则画笔标记有无限的持续时间。使用单个恒定的非零值可创建以蛇形移动的描边。
- 画笔间隔(秒)：画笔标记之间的时间间隔，以秒为单位。较小的值将产生更平滑的绘制描边，但需要更长的渲染时间。
- 绘制时间属性和画笔时间属性：指定要将绘制属性和画笔属性应用于每个画笔标记还是应用于整个描边。选择"无"可每次将值应用于描边中的所有画笔标记。为每个画笔标记选择一个属性名称，从而在每次绘制画笔标记时保持该属性的值。例如，如果选择"颜色"，则每个画笔标记将保持绘制该标记时由"颜色"值指定的颜色。
- 绘制样式：绘制描边与原始图像的交互方式，包括"在原始图像上"、"在透明背景上"和"显示原始图像"3 种方式，如图 10-100 所示。

图 10-99　创建书写效果

图 10-100　3 种绘制样式

2. 单元格图案

该效果用于在画面中创建蜂巢图案，如图 10-101 所示。通过效果中的参数可以设置图案的类型、大小等，如图 10-102 所示。

图 10-101　单元格图案效果

图 10-102　单元格图案参数

- 单元格图案：在右方的下拉列表中可以选择要使用的单元格图案，如图 10-103 所示。其中 HQ 表示高质量图案，这些图案采用比未标记的对应图案更高的清晰度加以渲染。
- 反转：反转单元格图案，黑色区域变为白色，而白色区域变为黑色，如图 10-104 所示。
- 对比度/锐度：当使用"气泡"、"晶体"、"枕状"、"混合晶体"或"管状"单元格图案时，用于调整单元格图案的对比度。当使用"印版"、"静态板"或"晶格化" 单元格图案时，用于调整单元格图案的锐度。
- 溢出：用于重新映射位于灰度范围 0~255 之外的值。如果选择了基于锐度的单元格图案，则"溢出"不可用。
- 分散：绘制图案的随机程度。较低的值将产生更统一或类似网格的单元格图案。
- 大小：单元格的大小，默认大小为 60。
- 偏移：确定使用的单元格图案的部分。
- 平铺选项：选中"启用平铺"复选框可以创建由重复平铺构成的图案。"水平单元格"和"垂直单元格"确定每个平铺的宽度有多少个单元格以及高度有多少个单元格。
- 演化：此设置将产生随时间推移的图案变化。
- 演化选项：提供的控件用于在一个短周期内渲染效果，然后在剪辑的持续时间内进行循环。使用这些控件可以将单元格图案元素预渲染到循环中，从而加速渲染。

图 10-103　单元格图案类型

图 10-104　图案反转效果

3. 吸管填充

该效果用于选择画面中的某点颜色以填充整个画面，效果参数中的"采样点"选项用于控制在画面中取样颜色的位置，"采样半径"用于控制取样颜色的范围，如图 10-105 所示。

4. 四色渐变

该效果的功能与吸管填充相似，只是该效果选择画面中的 4 个颜色点，然后使用这 4 个颜色对画面进行渐变填充，可以设置取样颜色的位置，如图 10-106 所示。

图 10-105　吸管填充参数

图 10-106　四色渐变参数

5. 圆形

该效果用于在画面中创建实心圆或圆环，通过效果中的参数可以控制圆的大小和位置，并且可以设置圆与原画面的混合模式，如图 10-107 所示。图 10-108 所示是"叠加"模式的效果。

图 10-107　圆形效果参数

图 10-108　圆形效果

6. 棋盘

该效果用于在画面中创建棋盘图形，通过效果中的参数可以控制棋盘的位置、大小、颜色及羽化效果，并且可以设置棋盘与原画面的混合模式，如图 10-109 所示。图 10-110 所示是"滤色"模式的效果。

图 10-109　棋盘效果参数

图 10-110　棋盘效果

7. 椭圆

该效果用于在画面中创建一个椭圆的圆环图形，通过效果中的参数可以控制圆环的大小、位置以及内外径的颜色，如图 10-111 所示。选择"在原始图像上合成"选项，可以使创建的圆环与原画面进行合成，如图 10-112 所示。

图 10-111　椭圆效果参数　　　　　　　　图 10-112　椭圆效果

8. 油漆桶

该效果可以使用一种颜色填充画面中的某个色彩范围，通过效果中的参数可以控制填充的颜色和范围，以及填充颜色与原画面的混合模式，如图 10-113 所示。图 10-114 所示是在画面中心的色彩区域填充红色的效果。

图 10-113　油漆桶效果参数　　　　　　　图 10-114　油漆桶效果

9. 渐变

该效果用于在画面中创建渐变效果，通过效果中的参数可以控制渐变的颜色，并且可以设置渐变与原画面的混合程度，如图 10-115 所示。例如，设置渐变从黑色到白色，渐变与原始图像的混合比例为 40%，效果如图 10-116 所示。

10. 网格

该效果用于在画面中创建网格效果，通过效果中的参数可以控制网格的颜色、边框大小、羽化效果等，并且可以设置网格与原画面的混合模式，如图 10-117 所示。在画面中应用网格的效果如图 10-118 所示。

图 10-115　渐变参数

图 10-116　渐变效果

图 10-117　网格参数

图 10-118　网格效果

11. 镜头光晕

该效果用于在画面中创建镜头光晕，模拟强光折射进画面的效果，通过效果中的参数可以设置镜头光晕的坐标、亮度和镜头类型等，如图 10-119 所示。创建镜头光晕的效果如图 10-120 所示。

图 10-119　镜头光晕参数

图 10-120　镜头光晕效果

- 光晕中心：用于调整光晕位置，也可以使用鼠标拖动十字光标来调节光晕位置。
- 光晕亮度：用于调整光晕的亮度。
- 镜头类型：在右方的下拉列表中可以选择"50-300 毫米变焦"、"35 毫米定焦"和"105 毫米定焦"3 类型。"50-300 毫米变焦"产生光晕并模仿太阳光的效果；"35 毫米定焦"只产生强光，没有光晕；"105 毫米定焦"产生比前一种镜头更强的光。

12. 闪电

该效果用于在画面中创建闪电效果，如图 10-121 所示。通过效果控件面板可以设置闪电的起始点和结束点以及闪电的波幅等参数，如图 10-122 所示。

图 10-121　闪电参数

图 10-122　闪电效果

- 起始点：用于设置闪电开始点的位置。
- 结束点：用于设置闪电结束点的位置。
- 分段：用于设置闪电光线的数量。
- 振幅：用于设置闪电光线的振幅。
- 细节级别：用于设置光线颜色的色阶。
- 细节振幅：用于设置光线波的振幅。
- 分支：用于设置每束光线的分支。
- 再分支：用于再分支的位置设定。
- 分支角度：用于设置光线分支的角度。
- 分支段长度：用于设置光线分支的长度。
- 分支段：用于设置光线分支的数目。
- 分支宽度：用于设置光线分支的粗细。
- 速度：用于设置光线变化的速率。
- 稳定性：用于设置固定光线的数值。
- 固定端点：通过设置的值对结束点的位置进行调整。
- 宽度：用于设置光线的粗细。
- 宽度变化：用于设置光线粗细的变化。
- 核心宽度：用于设置光源的中心宽度。
- 外部颜色：用于设置光线外沿的颜色。
- 内部颜色：用于设置光线内部的颜色。
- 拉力：用于设置光线推拉时的数值。
- 拖拉方向：用于设置光线推拉时的角度。

- 随机植入：用于设置光线辐射变化时的速度级别。
- 混合模式：用于设置光线和背景的混合模式。
- 模拟：选中"在每一帧处重新运行"选项，可以在每一帧上都重新运行。

10.3.8　调整

在"调整"文件夹中包含 5 种效果，如图 10-123 所示，主要用于对素材进行明暗度调整，以及对素材添加光照效果。

1. ProcAmp 效果

ProcAmp 效果模仿标准电视设备上的处理放大器。此效果调整剪辑图像的亮度、对比度、色相、饱和度以及拆分百分比，如图 10-124 所示。

图 10-123　"调整"类效果　　　　　　　图 10-124　ProcAmp 效果

2. 光照效果

此效果可以在素材上应用光照效果，最多可采用五个光照来产生有创意的光照，如图 10-125 所示。"光照效果"可用于控制光照属性，如光照类型、方向、强度、颜色、光照中心和光照传播。还有一个"凹凸层"控件可以使用其他素材中的纹理或图案产生特殊光照效果，如图 10-126 所示。

图 10-125　光照效果　　　　　　　图 10-126　光照效果参数

3. 卷积内核

卷积内核效果根据称为卷积的数学运算来更改素材中每个像素的亮度值，如图 10-127 所示。卷积将数值矩阵叠加到像素矩阵上，将每个底层像素的值乘以叠加它的数值，并将中心像素的值替换为所有这些乘积的总和。

卷积内核设置包括一组控件，各控件表示 3×3 像素网格中的单元格，控件上的标签以字母"M"开头，表示在矩阵中的位置，如图 10-128 所示。例如，M11 控件影响网格第一行第一列中的单元格；M32 控件影响第三行第二列中的单元格。所计算的像素会进入网格的中心，位于 M22 位置。使用此效果可对各种浮雕、模糊和锐化效果的属性进行微调控制。对于给定的效果，应用卷积内核预设之一并对其进行修改比使用卷积内核效果本身从头开始创建效果更方便。

图 10-127　卷积内核效果

图 10-128　卷积内核参数

4. 提取

提取效果从视频剪辑中移除颜色，从而创建灰度图像。明亮度值小于输入黑色阶或大于输入白色阶的像素将变为黑色，如图 10-129 所示。该效果的参数设置如图 10-130 所示。

图 10-129　提取效果

图 10-130　提取参数

5. 色阶

色阶效果操控剪辑的亮度和对比度。此效果结合了颜色平衡、灰度系数校正、亮度与对比度和反转效果的功能。

10.3.9 过时

在"过时"文件夹中包含了7种效果，如图10-131所示，主要用于对素材进行专业质量的颜色分级和颜色校正。

1. RGB 曲线

该效果通过曲线参数调节图像的R(红)、G(绿)、B(蓝)值，其参数如图10-132所示。

图 10-131 "过时"效果类型

图 10-132 RBC 曲线参数

例如，增强图10-133中的R(红色)值后，可以得到如图10-134所示的效果。

图 10-133 原画面效果

图 10-134 增强红色的效果

2. RGB 颜色校正器和三向颜色校正器

RGB 颜色校正器和三向颜色校正器都被用于校正图像的色彩，它们的参数分别如图10-135和图10-136所示。

图 10-135 RGB 颜色校正器参数

图 10-136 三向颜色校正器参数

3. 亮度曲线

该效果可以通过曲线形式调整素材的亮度，其参数如图 10-137 所示，效果如图 10-138 和图 10-139 所示。

图 10-137　亮度曲线参数　　　　图 10-138　原画面效果　　　　图 10-139　增强亮度

10.3.10　过渡

"视频效果"中的"过渡"效果与"视频过渡"中对应的"过渡"效果在效果表现上相似。不同的是前者在自身图像上进行溶解过度，后者是在前后两个素材间进行溶解过度。该类效果包含 5 种过渡效果，如图 10-140 所示。

10.3.11　透视

在"透视"文件夹中包含 5 种效果，如图 10-141 所示，主要用于对素材添加透视效果。

图 10-140　"过渡"类型效果　　　　　　　　图 10-141　"透视"类型效果

1. 基本 3D

运用该效果可以在一个虚拟的三维空间中操作图像。对素材运用"基本 3D"效果，素材可以在虚拟空间中绕水平轴和垂直轴转动，还可以产生图像运动的移动效果。用户还可以在图像上增加反光，产生更逼真的效果，如图 10-142 和图 10-143 所示。

- 旋转：控制水平旋转的角度。
- 倾斜：控制垂直旋转的角度。
- 与图像的距离：设定图像移近或移远的距离。

图 10-142　基本 3D 效果

图 10-143　基本 3D 参数

- 镜面高光：在图像中加入光线，看起来就好像在图像的上方发生一样。
- 预览：选中该选项后面的复选框，在对图像进行操作时，图像就会以线框的形式显示，加快预览速度。

2. 投影

在素材上运用该效果，可以为画面添加投影效果，如图 10-144 所示，该效果的参数如图 10-145 所示。

图 10-144　投影效果

图 10-145　投影参数

- 阴影颜色：用于设置阴影的颜色。
- 不透明度：用于设定阴影的透明度。
- 方向：用于设置阴影与画面的相对方向。
- 距离：用于设置阴影与画面的相对位置距离。
- 柔和度：用于设置阴影的柔化程度。
- 仅阴影：选择该选项后面的复选框，表示只显示阴影部分。

3. 斜面 Alpha

在素材上运用该效果，可以使图像四周产生斜边框的三维立体效果，其边缘产生的设置由 Alpha 通道决定。四个边缘的厚度是一样的，给人比较坚硬的感觉，如图 10-146 所示，其参数如图 10-147 所示。

图 10-146　斜面 Alpha 效果

图 10-147　斜面 Alpha 参数

- 边缘厚度：用于设置斜边边缘的厚度。
- 光照角度：用于设置光线的角度。
- 光照颜色：用于选择光线的颜色。
- 光照强度：用于设置斜边边缘的光线强度，强度值越高，产生的立体感越强；反之，平面感就越强。

4. 其他透视效果

在"透视"效果文件夹还包括放射阴影和斜角边效果，放射阴影与投影效果的功能相似，只是投影的方向不同；斜角边与斜面 Alpha 的功能相似。

10.3.12　通道

"通道"文件夹中包含各种效果，这些效果可以组合两个素材，在素材上面覆盖颜色，或者调整素材的红色、绿色和蓝色通道，如图 10-148 所示。

1. 反转

这个效果能够反转颜色值。将黑色转变成白色，将白色转变成黑色，颜色都变成相应的补色，其参数如图 10-149 所示。

图 10-148　"通道"文件夹

图 10-149　"反转"效果参数

- 通道：在右侧下拉列表中可以选择 RGB、HLS、YIQ 和 Alpha 等颜色模式。YIQ 是 NTSC 颜色空间。Y 代表亮度，I 代表相位色度，Q 代表正交色度。

● 与原始图像混合：设置该参数可以对通道效果和原始图像进行混合。

2. 复合运算

这个效果通常与需要使用"复合运算"效果的 After Effects 项目一起使用。这个效果通过数学运算，使用图层创建组合效果。这个效果的控件用来决定原始图层和第二来源层的混合方式，其参数如图 10-150 所示。

3. 混合

应用这个效果，可以通过不同模式来混合视频轨道，模式有"交叉淡化"、"仅颜色"、"仅色彩"、"仅变暗"和"仅变亮"，其参数如图 10-151 所示。

图 10-150 "复合算法"效果参数　　　　图 10-151 "混合"效果参数

4. 算术

这个效果基于算术运算修改素材的红色、绿色和蓝色值。修改颜色值的方法由"运算符"下拉菜单中选中的选项决定。要使用"算术"效果，首先设置"运算符"下拉菜单选项，然后调整红色、绿色和蓝色值，其参数如图 10-152 所示。

5. 计算

这个效果可以通过使用素材通道和各种"混合模式"将不同轨道中的两个视频素材结合到一起。可以选择使用的覆盖素材的通道包括：合成通道(RGBA)；红色、绿色或蓝色通道；或者灰度或 Alpha 通道，其参数如图 10-153 所示。

图 10-152 "算术"效果参数　　　　图 10-153 "计算"效果参数

6. 设置遮罩

这个效果能够组合两个素材，从而创建移动蒙版效果，其效果参数如图 10-154 所示。要使用设置蒙版效果，需要将两个视频素材放到时间轴面板中不同的视频轨道上，其中一个位于另一个的上方。图 10-155 所示的是对视频 2 轨道上的树叶素材应用"设置遮罩"后的效果。

图 10-154　"设置遮罩"效果参数

图 10-155　"设置遮罩"效果

10.3.13　键控

"键控"类效果用于创建各种叠加特效，其中包括"Alpha 调整"、"亮度键"、"图像遮罩键"、"颜色键"等 9 种键控效果。这些效果将在第 11 章中进行详细介绍。

10.3.14　颜色校正

在"颜色校正"效果文件夹中包含了 11 种效果，如图 10-156 所示，主要用来校正画面的色彩。

1. 亮度与对比度

该效果用于调整素材的亮度和对比度，并同时调节所有像素的亮部、暗部和中间色。应用该效果后，在效果控件面板中的参数如图 10-157 所示。

图 10-156　"颜色校正"类型效果

图 10-157　亮度与对比度参数

2. 颜色平衡

该效果用于调整素材的色彩。应用该效果后，在效果控件面板中的参数如图 10-158 所示。各参数的作用如下：

- 阴影红色平衡、阴影绿色平衡、阴影蓝色平衡：用于调节阴影的 RGB(红绿蓝)色彩平衡。
- 中间调红色平衡、中间调绿色平衡、中间调蓝色平衡：用于调节中间阴影的 RGB(红绿蓝)色彩平衡。
- 高光红色平衡、高光绿色平衡、高光蓝色平衡：用于调节高光的 RGB(红绿蓝)色彩平衡。

3. 通道混合器

该效果使用当前颜色的混合值来修改一个颜色通道，以产生其他色彩调节难以实现的效果，其参数如图 10-159 所示。在参数设置中，以红色开头的参数表示最终效果用于红色通道，以绿色开头的表示最终效果用于绿色通道，以蓝色开头的表示最终效果用于蓝色通道。

图 10-158　颜色平衡参数　　　　　图 10-159　通道混合器参数

10.3.15　风格化

在"风格化"文件夹中包含 13 种效果，如图 10-160 所示，主要用于在素材上制作辉光、浮雕、马赛克、纹理等效果。

1. Alpha 发光

该效果对含有通道的素材起作用，在通道的边缘部分产生一圈渐变的辉光效果，可以在单色的边缘处或者在边缘运动时变成两个颜色，其参数如图 10-161 所示。

- 发光：用于调节辉光伸展长度。
- 亮度：用于设置辉光的亮度。
- 起始颜色：用于设置辉光内圈的色彩。
- 结束颜色：用于设置辉光的过渡色彩。

图 10-160　"风格化"类型

图 10-161　Alpha 辉光参数

- 淡出：选择该选项，在设定淡出的情况下，两种颜色会被柔化；在未设定淡出的情况下，将逐渐淡化到透明。

2. 复制

在素材上运用该效果，可将整个画面复制成若干区域画面，每个区域都将显示完整的画面效果，如图 10-162 所示。在效果的参数中可以设置复制的数量，如图 10-163 所示。

图 10-162　复制效果

图 10-163　复制参数

3. 彩色浮雕

在素材上运用该效果，可以将画面变成浮雕的样子，但并不影响画面的初始色彩，产生的效果和浮雕效果类似，如图 10-164 所示。效果的参数如图 10-165 所示。

图 10-164　彩色浮雕效果

图 10-165　彩色浮雕参数

- 方向：用于设置浮雕的方向角度。
- 起伏：用于设置浮雕产生的幅度。
- 对比度：用于设置浮雕产生的对比度强弱。
- 与原始图像混合：用于设置浮雕与原画面混合的百分比。

4. 曝光过度

在素材上运用该效果，可以将画面处理成冲洗底片时的效果，如图 10-166 所示。效果参数中的"阈值"选项用于调整曝光度，如图 10-167 所示。

图 10-166　曝光过度效果　　　　　图 10-167　曝光过度参数

5. 查找边缘

在素材上运用该效果，可以对图像的边缘进行勾勒，并用线条表示，如图 10-168 所示。该效果的参数如图 10-169 所示。

图 10-168　查找边缘效果　　　　　图 10-169　查找边缘参数

- 反转：选择该选项，所有的颜色将成为各自的补色。
- 与原始图像混合：用于设置产生的效果画面与原图的混合比。

6. 浮雕

在素材上运用该效果，可以在画面上产生浮雕效果，同时摒弃原图的颜色，如图 10-170 所示，其参数如图 10-171 所示。

图 10-170　浮雕效果

图 10-171　浮雕参数

7. 纹理化

在素材上运用该效果，可以改变一个素材的材质效果，如图 10-172 所示。在参数中可以控制材质的厚度和光源，如图 10-173 所示。

图 10-172　纹理化效果

图 10-173　纹理化参数

- 纹理图层：用于设置作为纹理的素材所在的轨道。
- 光照方向：用于设置光照的方向。
- 纹理对比度：用于设置纹理的对比度。
- 纹理位置：用于选择置入纹理的类型。

8. 马赛克

在素材上运用该效果，可以在画面上产生马赛克效果。将画面分成若干网格，每一格都用本格内所有颜色的平均色进行填充，如图 10-174 所示。效果参数如图 10-175 所示。

- 水平块：用于设置水平方向上分割格子的数目。
- 垂直块：用于设置垂直方向上分割格子的数目。
- 锐化颜色：用于对颜色进行锐化。

9. 其他风格化效果

除了上述介绍的 8 种常用风格化效果外，在"风格化"文件夹中还有其他 5 种效果，这些效果用于在视频素材上产生一种相应的画面效果。

图 10-174　马赛克效果

图 10-175　马赛克参数

10.4　视频效果应用实例

视频效果在视频编辑中是比较常用的功能。在视频中添加视频效果，可以使视频画面效果更加丰富多彩。下面以几个简单的例子介绍视频效果在视频编辑中的具体应用方法。

10.4.1　制作落日红效果

1. 实例效果

本实例将制作落日红效果，将视频画面效果逐渐变为红色，从而产生更美的画面效果。视频播放效果如图 10-176 所示。

图 10-176　视频预览效果

2. 制作思路

本实例主要应用"颜色平衡"效果来改变视频画面色彩。在制作本实例效果时，首先将"颜色平衡"视频效果添加到素材上，然后在效果控件面板中设置不同时间的关键帧，并对各个关键帧的红色平衡参数进行调整，从而使视频画面逐渐变为红色。

3. 操作步骤

(1) 新建一个名为"落日红"的项目文件和序列。然后导入"落日.wmv"素材，如图 10-177 所示。

(2) 将"落日.wmv"素材添加到序列视频 1 轨道中，将其入点放在 00:00:00:00 的位置，如图 10-178 所示。

图 10-177　导入素材

图 10-178　添加素材

(3) 在效果面板中选择"视频效果"|"色彩校正"|"颜色平衡"效果，然后将该效果添加到视频轨道的"落日.wmv"素材上，如图 10-179 所示。

(4) 选择序列视频中的"落日.wmv"素材，然后在效果控件面板中展开"颜色平衡"效果选项组，如图 10-180 所示。

图 10-179　选择效果

图 10-180　展开效果选项组

(5) 当时间指示器处于第 0 秒的位置时，在效果控件面板中单击"阴影红色平衡"、"中间调红色平衡"和"高光红色平衡"选项前面的"切换动画"按钮 ⏱，在此时间位置为这 3 个选项各添加一个关键帧，如图 10-181 所示。

(6) 将时间指示器移动到第 9 秒的位置，单击"阴影红色平衡"、"中间调红色平衡"和"高光红色平衡"选项后面的"添加/移除关键帧"按钮 ◈，在此时间位置为这 3 个选项各添加一个关键帧，然后设置对应选项的值为 60，如图 10-182 所示。

(7) 单击节目监视器面板下方的"播放-停止切换"按钮 ▶，观看影片从橘黄色逐渐变为红色的效果。

图 10-181　添加关键帧

图 10-182　添加并设置关键帧

10.4.2　制作五画同映

1. 实例效果

本实例将制作五画同映效果，即在视频画面中同时播放五个不同的视频画面，视频播放效果如图 10-183 所示。

图 10-183　视频预览效果

2. 制作思路

本实例主要应用"边角定位"效果改变视频画面的边角坐标，从而将五个视频画面同时显示在节目窗口中。在制作本实例效果时，首先需要创建 5 个视频轨道，将 5 个素材分别添加到不同的视频轨道中，然后将"边角定位"视频效果添加到素材上。在效果控件面板中调整各个素材画面的边角坐标，使各个素材画面在不同的位置显示。

3. 操作步骤

(1) 新建一个名为"五画同映"的项目文件。然后在项目面板中导入自然盛景的视频素材，如图 10-184 所示。

(2) 新建一个序列，在"新建序列"对话框中设置编辑模式为"自定义"，视频画面的水平大小为 720、垂直大小为 480，如图 10-185 所示。

图 10-184 导入素材

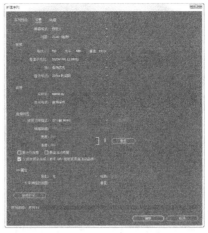

图 10-185 新建序列

(3) 选择"序列"|"添加轨道"命令，打开"添加轨道"对话框。设置添加视频轨道的数量为 2，如图 10-186 所示。

(4) 将自然盛景的视频素材依次添加到序列视频 1~视频 5 轨道上，将素材的入点放在 00:00:00:00 的位置，如图 10-187 所示。

图 10-186 添加视频轨道

图 10-187 在序列中添加素材

(5) 选中视频 1 轨道中的视频素材，然后选择"剪辑"|"速度/持续时间"命令。在打开的"剪辑速度/持续时间"对话框设置素材的持续时间为 10 秒，如图 10-188 所示。

(6) 使用同样的方法将其他视频轨道中视频素材的持续时间都改为 10 秒，效果如图 10-189 所示。

图 10-188 修改持续时间

图 10-189 素材的持续时间都是 10 秒

(7) 打开效果面板，选择"视频效果"|"扭曲"|"边角定位"视频效果，如图 10-190 所示。然后将"边角定位"效果依次添加到视频 2~视频 5 轨道中的素材上。

(8) 选择视频 5 轨道中的素材，然后打开效果控件面板，展开"边角定位"效果选项组，将时间指示器移动到第 0 秒的位置。单击"左下"和"右下"选项前面的"切换动画"按钮，在当前时间位置为这两个选项各添加一个关键帧，如图 10-191 所示。

图 10-190　选择效果命令

图 10-191　开启动画设置

(9) 将时间指示器移动到第 1 秒的位置，然后单击"左下"和"右下"选项前面的"添加/移除关键帧"按钮，在此时间位置为这两个选项各添加一个关键帧。然后设置"左下"的坐标为 180、120，设置"右下"的坐标为 480、120，如图 10-192 所示。

(10) 将时间指示器移动到第 1 秒的位置，在节目监视器面板中对影片进行预览，效果如图 10-193 所示。

图 10-192　设置关键帧及参数

图 10-193　边角定位效果

(11) 选择视频 4 轨道中的素材，将时间指示器移动到第 2 秒的位置。在效果控件面板中为"左上"和"右上"选项各添加一个关键帧，如图 10-194 所示。

(12) 将时间指示器移动到第 3 秒的位置，为"左上"和"右上"选项各添加一个关键帧，然后将"左上"的坐标改为 180、360，将"右上"的坐标改为 480、360，如图 10-195 所示。

图 10-194 设置轨道 4 中素材的关键帧

图 10-195 设置关键帧及参数

(13) 选择视频 3 轨道中的素材，将时间指示器移动到第 4 秒的位置，在效果控件面板中为"右上"和"右下"选项各添加一个关键帧，如图 10-196 所示。

(14) 将时间指示器移动到第 5 秒的位置，继续为"右上"和"右下"选项各添加一个关键帧，并将"右上"的坐标改为 180、120，将"右下"的坐标改为 180、360，如图 10-197 所示。

图 10-196 设置轨道 3 中素材的关键帧

图 10-197 设置关键帧及参数

(15) 将时间指示器移动到第 3 秒的位置，在节目监视器 面板中进行预览，效果如图 10-198 所示；将时间指示器移动到第 5 秒的位置，在节目监视器面板中进行预览，效果如图 10-199 所示。

图 10-198 预览效果 1

图 10-199 预览效果 2

(16) 选择视频 2 轨道中的素材，将时间指示器移动到第 6 秒的位置，在效果控件面板中为"左上"和"左下"选项各添加一个关键帧，如图 10-200 所示。

(17) 将时间指示器移动到第 7 秒的位置，在效果控件面板中继续为"左上"和"左下"选项各添加一个关键帧，并将"左上"的坐标改为 480、120，将"左下"的坐标改为 480、360，如图 10-201 所示。

图 10-200　设置轨道 2 中素材的关键帧　　　　图 10-201　设置关键帧及参数

(18) 在时间轴面板中关闭视频 2~视频 5 轨道，然后选择视频 1 轨道中的素材，将时间指示器移动到第 8 秒的位置，在效果控件面板中展开"运动"选项组，在"缩放"选项中添加一个关键帧，如图 10-202 所示。

(19) 将时间指示器移动到第 9 秒的位置，在效果控件面板中为"缩放"选项添加一个关键帧，并设置"缩放"选项的值为 50，如图 10-203 所示。

图 10-202　设置轨道 1 中素材的关键帧　　　　图 10-203　设置关键帧及参数

(20) 将时间指示器分别移动到第 7 秒和第 9 秒的位置，在节目监视器面板中进行影片预览，效果如图 10-204 和图 10-205 所示。

图 10-204　第 7 秒的效果　　　　　　　　图 10-205　第 9 秒的效果

10.4.3　制作多画面屏幕

1. 实例效果

本实例将制作多画面屏幕效果，将单一的视频画面效果变为多个画面效果，视频播放效果如图 10-206 所示。

图 10-206　视频预览效果

2. 制作思路

本实例主要应用"复制"效果改变视频画面的数量。在制作本实例效果时，首先将"复制"视频效果添加到素材上，通过设置"复制"效果中的计算参数，可以改变视频画面的数量。

3. 操作步骤

(1) 新建一个名为"多画面"的项目文件和序列。然后导入"游艇.jpg"素材，如图 10-207 所示。

(2) 将"游艇.jpg"素材添加到序列视频 1 轨道中，将其入点放在 00:00:00:00 的位置，如图 10-208 所示。

图 10-207　导入素材　　　　　　　　　　　　　图 10-208　添加素材

(3) 在节目监视器面板中预览影片，效果如图 10-209 所示。

(4) 在效果面板中选择"视频效果"|"风格化"|"复制"选项，将该效果添加到视频轨道的"游艇.jpg"素材上，如图 10-210 所示。

图 10-209　影片效果

图 10-210　选择效果

　　(5) 将时间指示器移动到第 2 秒的位置，在效果控件面板中为"计数"选项添加一个关键帧，并设置"计数"选项的值为 2，如图 10-211 所示。

　　(6) 在节目监视器面板中预览影片，效果如图 10-212 所示。

图 10-211　设置效果参数

图 10-212　影片效果

　　(7) 将时间指示器移动到第 4 秒的位置，在效果控件面板中为"计数"选项添加一个关键帧，并设置"计数"选项的值为 3，如图 10-213 所示。

　　(8) 在节目监视器面板中预览影片，效果如图 10-214 所示。

图 10-213　设置效果参数

图 10-214　影片效果

10.5 本章小结

本章介绍了 Premiere Pro CC 2017 视频效果的相关知识和应用方法，读者需要了解常用视频效果的功能，掌握视频效果的管理操作，以及为素材添加视频效果和设置效果参数的方法。

10.6 思考与练习

1. Premiere 中提供的视频效果存放在效果控件面板的_____文件夹中。

2. 高斯模糊属于_____类型的视频效果。

3. 将选择的视频效果拖动到_____面板的素材上，即可在该素材上应用选择的效果。

4. 在素材上运用_____效果，可以使图像四个顶点发生位移，以达到变形画面的效果。

5. 在素材上运用_____效果，可以将画面变成浮雕的样子，但并不影响画面的初始色彩，产生的效果和浮雕效果类似。

6. 对素材添加视频效果后，如何禁用该效果？

7. 对素材添加视频效果后，如何删除该效果？

8. "视频效果"中的"过渡"效果与"视频过渡"中对应的"过渡"效果有何不同？

9. 启动 Premiere Pro CC 2017 应用程序，创建一个项目和序列，在项目面板中导入素材，并添加到序列轨道中，然后将"视频效果"|"生成"|"镜头光晕"效果添加到轨道中的素材上。在效果控件面板中添加和设置关键帧，创建动画光晕效果，如图 10-215 所示。

图 10-215 创建光晕效果

第11章　画面叠加

如果在视频 2 轨道上放置一段视频影像或一张静态图片，在视频 1 轨道上放置另一段视频影像或另一张静态图片，那么在节目窗口中只能看到上面视频 2 轨道上的图像。如果要想看到两个轨道上的图像，就需要渐隐或叠加视频 2 轨道。

本章将介绍两种创建素材叠加效果的方法：Premiere 的"不透明度"选项和效果面板中的"视频效果"|"键控"效果。

11.1　设置画面的不透明度

在影视后期制作过程中，可以通过调整素材的透明度，在各个视频轨道间进行素材的混合。用户可以在时间轴面板或效果控件面板中设置素材的不透明度。

11.1.1　在效果控件面板中设置不透明度

在效果控件面板中展开"不透明度"选项组，可以设置所选素材的不透明度。通过添加并设置不明度透的关键帧，可以创建视频画面的渐隐渐现效果。

【练习 11-1】创建闪烁的星光。

(1) 新建一个项目和序列，并在项目面板中导入夜空和星光素材，如图 11-1 所示。

(2) 将导入的素材分别拖到时间轴面板中的视频 1 和视频 2 轨道上，并确保视频轨道上两个素材的出入点对齐，如图 11-2 所示。

图 11-1　导入素材　　　　　　　　图 11-2　在视频轨道中添加素材

(3) 选中视频 2 轨道中的素材，在效果控件面板中展开"不透明度"选项组，在第 0 秒的时间位置为"不透明度"选项添加一个关键帧，如图 11-3 所示。此时在节目监视器面板中预览到的效果如图 11-4 所示。

图 11-3　添加不透明度关键帧

图 11-4　不透明度效果

（4）在第 1 秒的时间位置为"不透明度"选项添加一个关键帧，并设置不透明度为 45，如图 11-5 所示。此时在节目监视器面板中预览到的效果如图 11-6 所示。

图 11-5　设置不透明度关键帧

图 11-6　不透明度效果

（5）选择创建好的两个关键帧，按下 Ctrl+C 组合键对关键帧进行复制，然后将时间轴移动到第 2 秒的位置，再按下 Ctrl+V 组合键对关键帧进行粘贴，如图 11-7 所示。

（6）将时间轴移动到第 4 秒的位置，然后按下 Ctrl+V 组合键对刚才复制的两个关键帧进行粘贴，如图 11-8 所示。

图 11-7　复制并粘贴关键帧

图 11-8　粘贴关键帧

（7）选中视频 3 轨道中的素材，在效果控件面板中展开"不透明度"选项组，在第 0 秒的时间位置为"不透明度"选项添加一个关键帧，设置该关键帧的不透明度为 45，如图

11-9 所示。此时在节目监视器面板中预览到的效果如图 11-10 所示。

图 11-9　设置不透明度关键帧　　　　　　　　　　图 11-10　不透明度效果

（8）在第 1 秒的时间位置为"不透明度"选项添加一个关键帧，并设置不透明度为 100，如图 11-11 所示。

（9）选择创建好的两个关键帧，按下 Ctrl+C 组合键对关键帧进行复制。然后在第 2 秒和第 4 秒的位置，分别按下 Ctrl+V 组合键对关键帧进行粘贴，如图 11-12 所示。

图 11-11　设置不透明度关键帧　　　　　　　　　图 11-12　复制并粘贴关键帧

（10）在节目监视器面板中单击"播放-停止切换"按钮 播放影片，可以预览添加了过渡效果的影片效果，如图 11-13 所示。

图 11-13　预览影片的过渡效果

11.1.2　在时间轴面板中设置不透明度

将素材添加到时间轴面板的视频轨道中，然后拖动轨道上边缘展开该轨道，可以在素材上看到一条横线，这条横线用于控制素材的不透明度，如图 11-14 所示。上下拖动横线，可以调整该素材的不透明度，如图 11-15 所示。

图 11-14　显示不透明度控制线

图 11-15　调整不透明度

【练习 11-2】制作古堡精灵。

(1) 新建一个名为"古堡精灵"的项目文件和一个序列，然后导入背影和古堡素材，如图 11-16 所示。

(2) 将古堡素材添加到时间轴面板的视频 1 轨道中，将背影素材添加到时间轴面板的视频 2 轨道中，并展开视频轨道，如图 11-17 所示。

图 11-16　导入素材

图 11-17　添加素材

(3) 在节目监视器面板中进行视频预览，效果如图 11-18 所示。

(4) 在时间轴面板中将时间指示器移到第 0 秒的位置，然后在时间轴面板中单击"添加-移除关键帧"按钮 ◆，创建一个关键帧，如图 11-19 所示。

图 11-18　视频预览效果

图 11-19　添加关键帧

(5) 在第 1 秒的位置创建一个关键帧，并将该关键帧将向下拖动，将该帧图形的不透明度修改为 0，如图 11-20 所示。

(6) 在节目监视器面板中进行视频预览，效果如图 11-21 所示。

图 11-20　添加并设置关键帧

图 11-21　视频预览效果

(7) 在第 2 秒、第 3 秒、第 4 秒和第 5 秒的位置各添加一个关键帧，如图 11-22 所示。

(8) 将第 2 秒和第 4 秒的关键帧向上拖动，使这两帧图形的不透明度为 100，如图 11-23 所示。

图 11-22　添加关键帧

图 11-23　拖动关键帧

(9) 在效果控件面板中展开"运动"选项组，打开"位置"和"缩放"选项的动画功能，并在第 0 秒的位置分别为"位置"和"缩放"选项添加一个关键帧，如图 11-24 所示。

(10) 在第 5 秒的位置分别为"位置"和"缩放"选项添加一个关键帧，并设置位置坐标为(130, 200)、缩放值为 60，如图 11-25 所示。

图 11-24　添加并设置关键帧

图 11-25　添加并设置关键帧

(11) 在节目监视器面板中单击"播放-停止切换"按钮 ，预览视频中背影的渐隐渐现效果，如图 11-26 所示。

图 11-26　预览背影的渐隐渐现效果

11.2　"键控"叠加画面

在"键控"文件夹中包含 9 种效果，如图 11-27 所示，下面介绍在两个重叠的素材上运用各种叠加的效果。

11.2.1　Alpha 调整

对素材运用该效果，可以按前面画面的灰度等级来决定叠加的效果，效果控件面板中的参数如图 11-28 所示。

图 11-27　"键控"类型

图 11-28　Alpha 调整参数

- 不透明度：用于调整画面的不透明度。
- 忽略 Alpha：选择该选项后，将忽略 Alpha 通道效果。
- 反转 Alpha：选择该选项后，将对 Alpha 通道进行反相处理。
- 仅蒙版：选择该选项后，前景素材仅作为蒙版使用。

在素材上运用该效果后，通过调整效果控件面板中的不透明度，可以修改叠加的效果，如图 11-29、图 11-30 和图 11-31 所示。

图 11-29　轨道 1 素材

图 11-30　轨道 2 素材

图 11-31　Alpha 调整效果

11.2.2　亮度键

　　该效果在对明暗对比十分强烈的图像进行画面叠加时非常有用。在素材上运用该效果，可以将被叠加图像的灰度值设为透明，而且保持色度不变，如图 11-32 所示。该效果的设置参数如图 11-33 所示。

图 11-32　亮度键效果

图 11-33　亮度键参数

- 阈值：指定透明的较暗值的范围。较高的值会增加透明度的范围。
- 屏蔽度：设置由"阈值"滑块指定的不透明区域的不透明度。较高的值会增加透明度。

11.2.3　图像遮罩键

　　该效果根据静止图像素材(充当遮罩)的明亮度值抠出素材图像的区域。透明区域显示下方视频轨道中的素材产生的图像。用户可以指定项目中的任何静止图像素材来充当遮罩图像。图像遮罩键可根据遮罩图像的 Alpha 通道或亮度值来确定透明区域，如图 11-34、图 11-35 和图 11-36 所示。

图 11-34　叠加素材

图 11-35　遮罩素材

图 11-36　遮罩显示背景效果

11.2.4　差值遮罩

用该效果创建透明度的方法是将源素材和差值素材进行比较，然后在源图像中抠出与差值图像中的位置和颜色均匹配的像素，如图 11-37~图 11-40 所示。

　图 11-37　原始图像　　　图 11-38　背景图像　　　图 11-39　上方轨道的图像　　　图 11-40　合成图像

注意：

"差值遮罩"效果通常用于抠出移动物体后面的静态背景，然后放在不同的背景上。差值素材通常仅仅是背景素材的帧(在移动物体进入场景之前)。因此，差值遮罩效果最适合使用固定摄像机和静止背景拍摄的场景。

为素材添加"差值遮罩"效果后，效果控件面板中的效果参数如图 11-41 所示。

图 11-41　"差值遮罩"参数

- 视图：用于指定节目监视器显示"最终输出"、"仅限源"还是"仅限遮罩"。
- 差值图层：指定要用作遮罩的轨道。
- 如果图层大小不同：指定将前景图像居中还是对其进行拉伸。
- 匹配容差：指定遮罩必须在多大程度上匹配前景色才能被抠像。
- 匹配柔和度：指定遮罩边缘的柔和程度。
- 差值前模糊：指定添加到遮罩的模糊程度。

11.2.5　轨道遮罩键

该效果通过一个素材(叠加的素材)显示另一个素材(背景素材)，此过程中使用第三个图像作为遮罩，在叠加的素材中创建透明区域。此效果需要两个素材和一个遮罩，每个素材位于自身的轨道上。遮罩中的白色区域在叠加的素材中是不透明的，防止底层素材显示出来。遮罩中的黑色区域是透明的，而灰色区域是部分透明的。

包含运动的遮罩被称为移动遮罩或运动遮罩。此遮罩包括运动素材(如绿屏轮廓)或已作动画处理的静止图像遮罩。可以通过将运动效果应用于遮罩来对静止图像作动画处理。

【练习 11-3】制作轨道遮罩效果。

(1) 新建一个名为"轨道遮罩"的项目文件和一个序列，然后将背景、叠加和遮罩素材导入到项目面板中，如图 11-42 所示。

(2) 将项目面板中的背景、叠加和遮罩素材依次添加到时间轴面板中的视频 1 轨道、视频 2 轨道和视频 3 轨道中，如图 11-43 所示。

图 11-42　导入素材

图 11-43　添加素材

(3) 选择"窗口"|"效果"命令，打开效果面板。展开"视频效果/键控"文件夹，选择"轨道遮罩键"效果，如图 11-44 所示。

(4) 将"轨道遮罩键"效果拖动到视频轨道中的叠加素材上，然后在效果控件面板中设置"遮罩"的轨道为"视频 3"、"合成方式"为"亮度遮罩"，如图 11-45 所示。

图 11-44　选择效果

图 11-45　设置效果

(5) 在节目监视器面板中预览"轨道遮罩键"的视频效果，如图 11-46 所示。

(6) 在效果控件面板中选中"轨道遮罩键"视频效果中的"反向"复选框，在节目监视器面板中预览"轨道遮罩键"的视频效果，如图 11-47 所示。

图 11-46　轨道遮罩键效果

图 11-47　反向效果

注意：

使用轨道遮罩键效果可以模糊和遮蔽人物面部、车牌号或其他身份特征，电视节目使用此效果可保护采访对象的身份。

11.2.6　颜色键

该效果用于抠出所有类似于指定的主要颜色的图像像素。此效果仅修改素材的 Alpha 通道。在该效果的参数设置中，可以通过调整容差级别来控制透明颜色的范围，也可以对透明区域的边缘进行羽化，以便创建透明和不透明区域之间的平滑过渡，如图 11-48 所示。单击"主要颜色"选项右方的颜色图标，可以打开"拾色器"对话框，对需要指定的颜色进行设置，如图 11-49 所示。

图 11-48　选择效果　　　　　　　　　　图 11-49　设置颜色

抠出素材中的颜色值时，该颜色或颜色范围将变得对整个素材透明，效果如图 11-50、图 11-51 和图 11-52 所示。

图 11-50　素材 1　　　　　图 11-51　素材 2　　　　　图 11-52　去除背景效果

11.2.7　其他键控效果

除了上述介绍的 6 种键控效果外，在"键控"文件夹中还有"移除遮罩"、"超级键"和"非红色键"3 种效果。

- "移除遮罩"效果从某种颜色的素材中移除颜色底纹。将 Alpha 通道与独立文件中的填充纹理相结合时，此效果很有用。
- "超级键"效果可以通过"透明度"参数在两个素材间进行叠加。
- "非红色键"效果基于绿色或蓝色背景创建透明度，此键允许混合两个素材。

11.3　本章小结

本章介绍了 Premiere Pro CC 2017 视频画面叠加的相关知识和应用方法，读者需要掌握设置视频画面不透明度的方法，以及通过"键控"视频效果进行视频画面叠加的方法，熟悉各种"键控"视频效果的作用。

11.4　思考与练习

1. 在 Premiere 中可以通过_____或_____面板设置素材的不透明度。

2. 在效果控件面板中展开_____选项组，可以设置所选素材的不透明度。

3. 将素材添加到时间轴面板的视频轨道中，可以在素材上看到一条横线，这条横线用于控制素材的_____。

4. 对素材运用"Alpha 调整"效果，可以按前面画面的_____来决定叠加的效果。

5. _____效果在对明暗对比十分强烈的图像进行画面叠加时非常有用。

6. _____效果用于抠出所有类似于指定的主要颜色的图像像素。

7. 如何创建视频画面的渐隐渐现效果？

8. "轨道遮罩键"效果的作用是什么？

9. 创建一个项目和序列，在项目面板中导入天空和战斗机素材，并分别添加到时间轴面板的视频 1 和视频 2 轨道中。然后将"视频效果"|"键控"|"颜色键"效果添加到视频 2 轨道中的战斗机素材上，在效果控件面板中设置抠除的颜色和颜色容差值，在天空中叠加合成战斗机效果，如图 11-53 和图 11-54 所示。

图 11-53　天空素材　　　　　　　　图 11-54　叠加合成效果

第12章　字幕设计

很多影视的片头都会用到精彩的标题字幕，以使影片显得更为完整。字幕是影视制作中重要的信息表现元素，纯画面信息不能完全取代文字信息的功能。本章将针对字幕和图形的制作方法，以及字幕的高级应用进行详细讲解。

12.1　创建字幕

字幕是影视制作中的一种通用工具，不仅可用于创建字幕和演职员表，也可用于创建动画合成。

12.1.1　字幕设计器

在创建字幕之前，首先需要认识和使用字幕设计器。在 Premiere 的字幕设计器中，可以完成文字与图形的创建和编辑功能，给用户在文字编辑过程中带来极大便利。字幕设计器的组成如图 12-1 所示。

图 12-1　字幕设计器

- 主工具栏：用于指定创建静态文字、游动文字或滚动文字，还可以指定是否基于当前字幕新建字幕，或者使用其中的选项选择字体和对齐方式等。这些选项还允许在背景中显示视频剪辑。

- 字幕工具面板：该面板包括文字工具和图形工具，以及一个显示当前样式的预览区域。
- 字幕动作面板：该面板中的图标用于对齐或分布文字或图形对象。
- 字幕样式面板：该面板中的图标用于对文字和图形对象应用预置自定义样式。
- 字幕属性面板：该面板中的设置用于转换文字或图形对象，以及为其制定样式。
- 绘图区：此处用于编辑文字内容或创建图形对象。

12.1.2　字幕工具

在 Premiere Pro CC 2017 中，可以使用字幕设计器中相应的文字工具，创建横排文字、垂直文字、区域文字、路径文字和图形等对象，字幕工具面板如图 12-2 所示。

图 12-2　字幕工具面板

- 选择工具：使用该工具可以在绘图区选择文字。
- 旋转工具：使用该工具可以在绘图区旋转文字。
- 文字工具：使用该工具可以在绘图区创建横排文字，如图 12-3 所示。
- 垂直文字工具：使用该工具可以在绘图区创建垂直文字，如图 12-4 所示。

图 12-3　创建横排文字

图 12-4　创建垂直文字

- 区域文字工具：使用该工具可以创建横排文字区域，如图 12-5 所示。
- 垂直区域文字工具：使用该工具可以创建垂直文字区域，如图 12-6 所示。
- 路径文字工具：使用该工具可以绘制一条路径，然后输入的文字将沿着该路径进行横排排列，如图 12-7 所示。
- 垂直路径文字工具：使用该工具可以绘制一条路径，然后输入的文字将沿着该路径进行垂直排列，如图 12-8 所示。

图 12-5 创建横排文字区域

图 12-6 创建垂直文字区域

图 12-7 创建横排路径文字

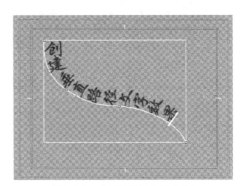

图 12-8 创建垂直路径文字

- 钢笔工具：使用贝塞尔曲线在绘图区创建曲线图形。
- 添加锚点工具：在绘图区将锚点添加到路径上。
- 删除锚点工具：在绘图区从路径上删除锚点。
- 转换锚点工具：在绘图区将曲线点转换成拐点，或将拐点转换成曲线点。
- 矩形工具：使用该工具可以在绘图区创建矩形。
- 切角矩形工具：使用该工具可以在绘图区创建切角矩形。
- 圆角矩形工具：使用该工具可以在绘图区创建圆角矩形。
- 圆矩形工具：使用该工具可以在绘图区创建两方为半圆的矩形。
- 楔形工具：使用该工具可以在绘图区创建三角形。
- 弧形工具：使用该工具可以在绘图区创建弧形。
- 椭圆工具：使用该工具可以在绘图区创建椭圆。
- 直线工具：使用该工具可以在绘图区创建直线。

12.1.3 创建默认字幕

Premiere 中的默认字幕包括默认静态字幕、默认滚动字幕和默认游动字幕。在视频中创建长篇幅的文字时，视频画面通常只能显示一部分文字内容，其他部分文字就会被隐藏。这时，如果在屏幕中应用上下滚动或左右游动文字，则可以解决这种问题。

1. 创建默认静态字幕

如果在视频画面中需要添加标题文字或其他简单文字，则可以通过创建默认静态字幕来完成文字的添加。

【练习 12-1】创建简单字幕。

(1) 新建一个项目文件，然后选择"文件"|"新建"|"标题"命令，或选择"字幕"|"新建字幕"|"默认静态字幕"命令，打开"新建字幕"对话框，设置字幕的名称，如图12-9 所示。

(2) 在"新建字幕"对话框中单击"确定"按钮，打开字幕设计器，如图 12-10 所示。

图 12-9　新建字幕

图 12-10　字幕设计器

(3) 在字幕工具面板中单击"文字工具"按钮**T**，然后在绘图区单击鼠标指定创建文字的位置，即可开始输入文字内容。再在字幕属性面板中设置文字的字体系列为 Arial，如图 12-11 所示。

(4) 单击字幕设计器右上方的"关闭"按钮**X**，关闭字幕设计器，新建的字幕对象将显示在项目面板中，如图 12-12 所示。

图 12-11　输入文字内容

图 12-12　生成字幕对象

注意：
创建的字幕对象会自动添加到项目面板中，并被保存为项目文件的一部分。

2. 创建滚动字幕

在 Premiere 中，可以创建由下向上进行滚动的字幕，用户还可以根据需要设置字幕是否需要开始或结束于屏幕外。

【练习 12-2】创建由下向上滚动的字幕。

(1) 新建一个项目文件，然后在项目面板中导入落叶素材，如图 12-13 所示。

(2) 新建一个序列，将素材添加到时间轴面板的视频 1 轨道中，如图 12-14 所示。

图 12-13　导入素材

图 12-14　添加素材

(3) 选择"字幕"|"新建字幕"|"默认滚动字幕"命令，在打开的"新建字幕"对话框中对字幕命名并确定，如图 12-15 所示。

(4) 在打开的字幕设计器中单击"显示背景视频"图标，在字幕设计器的绘图区显示视频素材，如图 12-16 所示。

图 12-15　新建字幕

图 12-16　显示背景画面

(5) 在字幕设计器的绘图区创建文字内容，并设置文字的字体和颜色，如图 12-17 所示。

(6) 在字幕设计器中单击"滚动/游动选项"按钮，打开"滚动/游动选项"对话框，然后选中"开始于屏幕外"和"结束于屏幕外"复选框并确定，如图 12-18 所示。

图 12-17　输入并设置文字

图 12-18　设置字幕滚动效果

"滚动/游动选项"对话框中常用选项的作用如下：

- 开始于屏幕外：选择这个选项可以使滚动或游动效果从屏幕外开始。
- 结束于屏幕外：选择这个选项可以使滚动或游动效果到屏幕外结束。
- 预卷：如果希望文字在动作开始之前静止不动，那么在这个输入框中输入静止状态的帧数。
- 缓入：如果希望字幕滚动或游动的速度逐渐增加直到正常播放速度，那么输入加速过程的帧数。
- 缓出：如果希望字幕滚动或游动的速度逐渐变小直到静止不动，那么输入减速过程的帧数。
- 过卷：如果希望文字在动作结束之后静止不动，那么在这个输入框中输入静止状态的帧数。

(7) 关闭字幕设计器，创建的字幕对象将在项目面板中生成，如图 12-19 所示。

(8) 将创建的字幕对象拖动到时间轴面板中的视频 2 轨道中，如图 12-20 所示。

图 12-19　创建的字幕　　　　　　　图 12-20　在视频轨道中添加字幕

(9) 在节目监视器面板中单击"播放-停止切换"按钮 ▶ 播放影片，可以预览字幕的滚动效果，如图 12-21 所示。

图 12-21　滚动字幕效果

3. 创建游动字幕

在 Premiere 中，不仅可以创建滚动字幕，还可以创建由左向右或由右向左游动的字幕。创建游动字幕的操作如下：

【练习 12-3】创建由左向右的游动字幕。

(1) 新建一个项目文件和一个序列，然后在项目面板中导入一个背景素材，将该素材添加到时间轴面板的视频 1 轨道中。

(2) 选择"字幕" | "新建字幕" | "默认游动字幕"命令，在打开的"新建字幕"对话

框中对字幕命名并确定，然后在字幕设计器中创建并设置字幕文字，如图 12-22 所示。

（3）在字幕设计器中单击"滚动/游动选项"按钮 ，打开"滚动/游动选项"对话框，然后选中"向左游动"单选按钮，以及"开始于屏幕外"和"结束于屏幕外"复选框并确定，如图 12-23 所示。

图 12-22　输入并设置文字

图 12-23　设置字幕游动选项

（4）关闭字幕设计器，将创建的字幕添加到时间轴面板的视频 2 轨道中，然后在节目监视器面板中进行播放，预览游动字幕的效果，如图 12-24 所示。

图 12-24　游动字幕效果

12.1.4　创建开放式字幕

在 Premiere Pro CC 2017 中，允许创建开放式字幕(也称对白字幕)，这些字幕可以刻录到视频流中(与隐藏字幕相对而言，后者可由观众切换为显示或不显示)。用户可以创建新的开放式字幕或导入 XML 和 SRT 文件格式的字幕。在字幕面板中，可以创建字幕块、添加文本和更改文本格式(如文本颜色、大小、位置和背景颜色)。

【练习 12-4】创建并编辑开放式字幕。

（1）新建一个项目文件。然后选择"文件"|"新建"|"字幕"命令，在打开的"新建字幕"对话框中设置视频宽度和高度并确定，如图 12-25 所示。

（2）在新的"新建字幕" 对话框的标准下拉列表中选择"开放式字幕"选项，然后确定，如图 12-26 所示。

（3）创建的开放式字幕将在项目面板中生成，如图 12-27 所示。

（4）选择"窗口"|"字幕"命令，打开字幕面板，在此可以键入和编辑字幕文本，如图 12-28 所示。

图 12-25　进行字幕视频设置

图 12-26　选择"开放式字幕"选项

图 12-27　创建的开放式字幕

图 12-28　键入和修改字幕文本

12.2　设置文字属性

在字幕设计器中创建文字内容后，可以在"字幕属性"面板中对文字进行属性设置，包括文字的字体、大小、颜色、轮廓线和阴影等。"字幕属性"面板中包含了 6 个参数设置选项组：变换、属性、填充、描边、阴影和背景，如图 12-29 所示。

12.2.1　变换文字

在"字幕属性"面板的"变换"选项组中可以设置文字在画面中的不透明度、位置、尺寸、旋转角度等属性，如图 12-30 所示。

图 12-29　"字幕属性"选项栏

图 12-30　文字变换参数

12.2.2　设置文字属性

在"字幕属性"面板的"属性"选项组中提供了多种针对文字的字体、字型、字号以及其他基本属性的参数设置，如图 12-31 所示。

"属性"选项组中各个选项的作用如下：

- 字体系列：在右方的下拉列表中可以指定被选中文字的字体，如图 12-32 所示。

图 12-31　设置文字属性

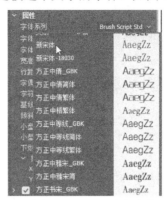

图 12-32　设置文字字体

- 字体样式：在右方的下拉列表中可以指定被选中文字的样式。
- 字体大小：用于设置被选中文字的大小。
- 宽高比：用于设置被选中文字的长宽比例。
- 行距：用于调整输入文字的行间距。
- 字偶间距：用于设置选中文字的字符间距。
- 字符间距：用于设置所有文字的字符间距。
- 基线位移：用于调整输入文字的基线。该项只对英文有效，对中文无效。
- 倾斜：用于设置输入文字的倾斜度。
- 小型大写字母：可以把所有的英文都改为大写。
- 小型大写字母大小：配合"小型大写字母"选项使用，调整转换后大写字母的大小。
- 下划线：为编辑的文字添加下划线。
- 扭曲：将文字分别向 X 轴和 Y 轴方向变形。

12.2.3　填充文字

"字幕属性"面板中的"填充"选项组用于设置文字的填充色。在"填充"选项组中提供了填充类型、光泽和纹理 3 个选项，如图 12-33 所示。

"填充"选项组中各个选项的作用如下：

- 填充类型：字幕设计器中提供了 7 种填充模式，它们分别是实底、线性渐变、径向渐变、四色渐变、斜面、消除和重影，如图 12-34 所示。
- 光泽：该选项用于为对象添加一条光泽线。"颜色"选项用于改变光泽的颜色；"不透明度"选项用于设置光泽的透明度；"大小"选项用于设置光泽的宽度；"角度"选项用于设置光泽的角度；"偏移"选项用于调整光泽的位置。
- 纹理：该选项用于对字幕设置纹理效果。

图 12-33 文字填充设置

图 12-34 选择填充类型

12.2.4 描边文字

"字幕属性"面板中的"描边"选项组用于对文字添加轮廓线，可以设置文字的内轮廓线和外轮廓线。Premiere 提供了深度、边缘和凹进 3 种描边方式，如图 12-35 所示。展开该选项，单击"内描边"或"外描边"选项后面的"添加"按钮，就可以根据选项提示为对象添加轮廓线效果，如图 12-36 所示。

图 12-35 描边参数

图 12-36 描边效果

12.2.5 设置文字阴影

"字幕属性"面板中的"阴影"选项组用于为文字添加阴影，效果如图 12-37 所示。在"阴影"选项组中可以设置阴影的颜色、透明度、角度、阴影与原文字之间的距离，以及设置阴影的宽度和扩散程度，如图 12-38 所示。

图 12-37 阴影效果

图 12-38 阴影参数

12.2.6　设置字幕背景

"字幕属性"面板中的"背景"选项组用于为字幕添加背景，可以设置背景的填充类型、颜色、角度以及光泽和纹理等，如图 12-39 所示。图 12-40 所示是添加渐变色的背景效果。

图 12-39　背景参数　　　　　　　　　　　　图 12-40　背景效果

【练习 12-5】创建鸟类保护宣传书。

(1) 新建一个项目文件，然后选择"文件"|"新建"|"标题"命令，或选择"字幕"|"新建字幕"|"默认静态字幕"命令，打开"新建字幕"对话框，设置字幕的名称并确定，如图 12-41 所示。

(2) 在字幕设计器中输入标题文字"宣传书"，在"字幕属性"面板的"属性"选项组中设置字体为"标宋体"、字体大小为 80，如图 12-42 所示。

图 12-41　新建字幕　　　　　　　　　　　　图 12-42　输入标题文字

(3) 在"字幕属性"面板的"填充"选项组中单击"填充类型"下拉列表框，选择"线性渐变"选项，如图 12-43 所示。

(4) 设置文字的渐变填充颜色为蓝色到紫色渐变，如图 12-44 所示。

(5) 在"字幕属性"面板的"阴影"选项组中选中"阴影"复选框，设置阴影不透明度为 50%、距离为 15，如图 12-45 所示。

(6) 在"字幕属性"面板的"背景"选项组中选中"背景"复选框，设置背景色为淡蓝色，如图 12-46 所示。

图 12-43　选择文字填充类型

图 12-44　设置文字渐变色

图 12-45　设置文字阴影

图 12-46　设置背景色

(7) 在工具面板中单击"区域文字工具"按钮，然后在绘图区绘制一个文字区域，如图 12-47 所示。

(8) 在创建的文字区域内输入宣传书的文字内容，设置字体为"新宋体"、字体大小为 45、行距和字符间距均为 5、文字填充颜色为蓝色，如图 12-48 所示。

图 12-47　绘制文字区域

图 12-48　设置文字格式

(9) 在"字幕属性"面板的"描边"选项组中单击"外描边"选项组中的"添加"选项，然后设置外描边的大小为 10、颜色为黑色，如图 12-49 所示。

(10) 在绘图区的空白处单击鼠标，取消对文字的选择，查看文字的效果，如图 12-50 所示。

(11) 单击字幕设计器右上方的"关闭"按钮，完成字幕的创建。

图 12-49 设置文字描边效果

图 12-50 取消对文字的选择

12.3 应用字幕样式

虽然在"字幕属性"面板中可以设置文字的属性，但是要将文字的字体、大小、描边、阴影等效果设置为需要的状态，通常也会花不少时间。如果在调整好一个文本框里的文字属性后，还需要对其他文字应用同样的属性，这时使用样式将设置好的属性和颜色保存下来，直接应用到其他文字对象上，可以有效地提高工作效率。

12.3.1 使用字幕样式

在 Premiere 的字幕设计器中，"字幕样式"面板为文字和图形提供保存和载入预置样式的功能。因此，不用在每次创建字幕时都选择字体、大小和颜色，只需为文字选择一个样式，就可以立即应用所有的属性。

【练习 12-6】应用阴影和描边样式。

(1) 新建一个项目文件，然后选择"字幕"|"新建"|"默认静态字幕"命令，打开"新建字幕"对话框，设置字幕的名称并确定，如图 12-51 所示。

(2) 打开字幕设计器，单击"文字工具"按钮，在字幕设计器的绘图区创建文字 Premiere Pro CC 2017，如图 12-52 所示。

图 12-51 新建字幕

图 12-52 创建文字内容

(3) 在"字幕样式"面板中单击一种字幕样式，即可对当前文字应用该样式，如图 12-53 所示。

(4) 在"字幕样式"面板中拖动垂直滚动条，可以显示其他的字幕样式，单击一种字幕样式，即可更改当前文字的样式效果，如图 12-54 所示。

图 12-53　应用字幕样式

图 12-54　更改字幕样式

12.3.2　新建字幕样式

Premiere "字幕样式"面板中的默认样式只提供了英文字体样式的效果。用户如果要使用中文字体样式效果，可以创建一个新的字幕样式效果，供以后使用。

【练习 12-7】新建中文字幕样式。

(1) 新建一个项目文件和一个字幕对象，在字幕设计器中输入文字内容，并设置文字的字体、大小、填充颜色、描边和阴影效果，如图 12-55 所示。

(2) 在"字幕样式"面板中单击快捷菜单按钮 ▼，在弹出的菜单中选择"新建样式"命令，如图 12-56 所示。

图 12-55　新建并设置字幕

图 12-56　选择命令

(3) 在打开的"新建样式"对话框中输入新样式的名称并确定，如图 12-57 所示。

(4) 新建的样式将在字幕面板的末尾处生成，在字幕面板中拖动垂直滚动条可以查找新建的字幕样式，如图 12-58 所示。

图 12-57　输入新建样式的名称

图 12-58　新建的字幕样式

（5）在字幕面板中单击快捷菜单按钮，在弹出的菜单中选择"保存样式库"命令，如图 12-59 所示。

（6）在打开的"保存样式库"对话框中指定保存的路径，然后输入样式库的名称并确定，对当前样式库进行保存，如图 12-60 所示。

图 12-59　选择命令

图 12-60　保存样式库

12.3.3　载入字幕样式

如果在 Premiere 中创建了多种字幕样式，在字幕编辑过程中想要应用其中的样式，那么首先需要将该样式载入字幕样式面板中。

【练习 12-8】载入字幕样式。

（1）新建一个项目文件和一个字幕对象，然后在字幕设计器中的绘图区输入文字内容，如图 12-61 所示。

（2）在字幕面板中单击快捷菜单按钮，在弹出的菜单中选择"追加样式库"命令，如图 12-62 所示。

图 12-61　新建字幕

图 12-62　选择命令

（3）在打开的"打开样式库"对话框中选择要载入的字幕样式库，然后将其打开，如图 12-63 所示。

（4）在字幕面板中拖动垂直滚动条可以查看载入的字幕样式库，单击其中的一种样式，可以将该样式应用到被选中的文字对象上，如图 12-64 所示。

图 12-63　选择并打开样式库

图 12-64　应用字幕样式

12.3.4　管理字幕样式

在 Premiere 中，用户可以复制、重命名和删除样式，还可以修改样式样本在"字幕"窗口中的显示方式。

1. 复制样式

在"字幕样式"面板中选中一个样式，然后单击快捷菜单按钮，在字幕样式菜单中选择"复制样式"命令，即可复制该样式。

2. 重命名样式

在"字幕样式"面板中选中要重命名的样式，然后单击快捷菜单按钮，在字幕样式菜单中选择"重命名样式"命令。在打开的"重命名样式"对话框中键入新的样式名，然后单击"确定"按钮，即可重命名该样式，如图 12-65 所示。

3. 删除样式

在"字幕样式"面板中选中要删除的样式，然后单击快捷菜单按钮，在字幕样式菜单中选择"删除样式"命令，在打开的提示对话框中单击"确定"按钮，即可删除该样式。

4. 重置样式

在"字幕样式"面板中单击快捷菜单按钮，在字幕样式菜单中选择"重置样式库"命令，在打开的提示对话框中单击"确定"按钮，即可将"字幕样式"面板中的当前样式替换为默认样式，如图 12-66 所示。

图 12-65　重命名样式

图 12-66　重置样式提示

5. 更改样式显示效果

如果觉得"字幕样式"面板在字幕设计器中占用的空间太多，可以将样式以文字或小图标的形式显示。

在"字幕样式"面板中单击快捷菜单按钮 ，然后选择"仅文本"或"小缩览图"命令，即可更改样式的显示效果，图 12-67 和图 12-68 所示分别是以文本和小缩览图显示字幕样式的效果。

图 12-67　以文本方式显示字幕样式　　　　　　图 12-68　以小缩览图方式显示字幕样式

12.4　在项目中应用字幕

在 Premiere 中创建字幕的目的就是在视频编辑中进行应用。下面将学习字幕对象在项目中的应用方法。

12.4.1　将字幕添加到项目中

在 Premiere 中新建一个字幕对象后，该字幕会自动添加到当前项目面板中，用户可以将其从项目面板添加到时间轴面板中进行视频编排。如果用户收集到其他字幕素材，可以使用"导入"命令将字幕添加到项目面板中进行应用。

【练习 12-9】添加字幕素材。

(1) 新建一个项目，选择"文件"|"导入"命令，在"导入"对话框中导入想要使用的字幕文件，如图 12-69 所示。在项目面板中会出现该字幕文件，如图 12-70 所示。

图 12-69　选择要导入的字幕　　　　　　　图 12-70　将字幕导入项目面板中

(2) 新建一个序列，将导入的字幕对象从项目面板拖到时间轴面板的视频轨道中，如

图 12-71 所示。

(3) 在时间轴面板中移动当前时间指示器，即可在节目监视器面板中预览字幕效果，如图 12-72 所示。

图 12-71　在时间轴面板中添加字幕

图 12-72　在节目监视器中预览字幕效果

12.4.2　为字幕素材添加背景

在字幕素材中加入视频背景效果，可以增加字幕文字的显示效果和丰富画面效果，下面介绍如何为字幕素材添加视频背景。

【练习 12-10】为字幕添加视频背景。

(1) 新建一个项目文件和一个序列，然后在项目面板中导入"01.mov"素材作为视频背景，如图 12-73 所示。

(2) 将"01.mov"素材拖入到时间轴面板的视频 1 轨道中，如图 12-74 所示。

图 12-73　导入素材

图 12-74　添加素材

(3) 选择"字幕"|"新建字幕"|"默认静态字幕"命令，在打开的"新建字幕"对话框中对字幕命名并确定，如图 12-75 所示。

(4) 在打开的字幕设计器中单击"显示背景视频"图标，在字幕设计器的绘图区显示视频素材，如图 12-76 所示。

图 12-75　新建字幕

图 12-76　显示背景画面

(5) 在字幕设计器的绘图区创建文字内容，并设置文字属性，如图 12-77 所示。

(6) 关闭字幕设计器，创建的字幕对象将在项目面板中生成，如图 12-78 所示。

图 12-77　输入并设置文字

图 12-78　新建的字幕

(7) 将创建的字幕对象拖入到时间轴面板中的"视频 2"轨道中，如图 12-79 所示。

(8) 在时间轴面板中移动当前时间指示器，可以在"节目监视器"面板中预览字幕和视频画面的效果，如图 12-80 所示。

图 12-79　在视频轨道中添加字幕

图 12-80　预览文字和视频画面

注意:

在选中字幕对象后,选择"剪辑"|"速度/持续时间"命令,在打开的"素材速度/持续时间"对话框中可以设置字幕的持续时间。

12.5　绘制与编辑图形

使用 Premiere 的绘图工具可以创建简单的图形,如线、正方形、椭圆形、矩形和多边形等。绘制图形后,还可以对图形进行填充、编辑等操作。

12.5.1　绘制图形

字幕工具面板中的绘图工具包括"矩形工具"、"圆角矩形工具"、"切角矩形工具"、"楔形工具"、"弧形工具"、"椭圆工具"和"直线工具"等。使用这些工具可以在绘图区绘制相应的图形。

【练习 12-11】绘制各种矩形。

(1) 新建一个项目文件,选择"字幕"|"新建字幕"|"默认静态字幕"命令,新建一个字幕对象。

(2) 打开字幕设计器,单击"矩形工具"按钮，然后在绘图区单击并拖动鼠标,即可创建一个矩形,如图 12-81 所示。

(3) 单击"圆角矩形工具"按钮，然后在绘图区单击并拖动鼠标,即可创建一个圆角矩形,如图 12-82 所示。

图 12-81　绘制矩形

图 12-82　绘制圆角矩形

(4) 单击"切角矩形工具"按钮，然后在绘图区单击并拖动鼠标,即可创建一个切角矩形,如图 12-83 所示。

(5) 在"属性"选项组的"图形类型"下拉列表框中也可以设置矩形的类型。使用矩形工具在绘图区创建一个矩形,然后在"属性"选项组中单击"图形类型"下拉列表框。在下拉列表中选择"圆矩形"选项,可以将直角矩形更改为圆角矩形,如图 12-84 所示。

图 12-83 绘制切角矩形

图 12-84 修改矩形类型

注意：

如果想创建正方形、圆角正方形或圆形，可以在选择相应的工具后，按住 Shift 键绘制相应的图形。

12.5.2 编辑图形色彩

创建一个图形后，可以设置图形的填充颜色、透明度、描边或阴影等，这些效果可以在"字幕属性"面板中进行设置。

【练习 12-12】绘制并编辑椭圆。

(1) 新建一个项目文件和一个字幕，打开字幕设计器，使用椭圆工具 在绘图区绘制一个椭圆，设置其宽度为 450、高度为 300，如图 12-85 所示。

(2) 在"填充"选项组中单击"填充类型"下拉列表框，然后选择"径向渐变"选项，如图 12-86 所示。

图 12-85 绘制椭圆

图 12-86 选择填充类型

(3) 设置径向渐变的颜色由黄色到红色渐变，效果如图 12-87 所示。

(4) 在"填充"选项组中选中"光泽"复选框，并单击该选项前方的三角形按钮 ，将该选项展开，设置光泽大小为 100、角度为 135，效果如图 12-88 所示。

(5) 在"描边"选项组中单击"内描边"选项右方的"添加"按钮，然后设置内描边大小为 20、描边颜色为暗红色，效果如图 12-89 所示。

(6) 在"阴影"选项组中选中"阴影"复选框，设置阴影的距离为 15，效果如图 12-90 所示。然后关闭字幕设计器，完成图形的绘制。

图 12-87　设置渐变颜色

图 12-88　设置光泽效果

图 12-89　设置描边效果

图 12-90　设置阴影效果

12.5.3　调整图形的状态

在 Premiere 中创建图形对象后，要达到需要的效果，还应该对其进行移动或调整大小、方向等操作。

1. 调整图形的大小

使用选择工具 选择需要调整大小的图形，然后将鼠标指针移动到图形边缘的控制手柄上，如图 12-91 所示。当图标变成一个两端各有一个箭头的线段时，单击并拖动形状控制手柄，即可调整图形的大小。此时，在"字幕属性"面板的"变换"选项组中的"宽度"和"高度"选项将发生相应的变化，如图 12-92 所示。

图 12-91　将指针移到控制手柄上

图 12-92　缩小图形后的效果

注意：

在使用选择工具 调整图形大小时，按住 Shift 键，可以保持对象的高度和宽度比例不变；按住 Alt 键，可以从中心向外的方式调整图形的大小；通过修改"字幕属性"面板的"变换"选项组中的"宽度"和"高度"值，可以精确地改变图形的大小。

2. 移动图形

使用选择工具 选择需要移动的图形，然后按住并拖动对象到新的位置，即可移动图形，如图 12-93 所示。在"字幕属性"面板的"变换"选项组中修改"X 位置"和"Y 位置"的值，可以准确地调整图形的位置，如图 12-94 所示。

图 12-93　拖动图形　　　　　　　　　　　　图 12-94　修改图形的位置

3. 旋转图形

使用选择工具 选择需要旋转的图形，然后将鼠标指针移动到所选对象的一个形状控制手柄上。当光标变成一个两端各有一个箭头的曲线形状 时，如图 12-95 所示。按住并拖动控制手柄上，即可旋转图形。在"字幕属性"面板的"变换"选项组区中的"旋转"选项将发生相应的变化，如图 12-96 所示。

图 12-95　将光标变成曲线箭头　　　　　　　图 12-96　拖动手柄旋转对象

注意：

选择需要旋转的图形后，单击"旋转工具"按钮 ，然后拖动图形也可以对其进行旋转，或在"字幕属性"面板的"变换"选项组中设置"旋转"值，可以精确地旋转图形。

12.6　本章小结

本章介绍了 Premiere 字幕设计和图形绘制的相关知识与操作，读者需要重点掌握新建字幕对象，在字幕设计器中创建各种文字，设置文字的字体、颜色、描边、阴影等属性，并熟悉在字幕设计器中绘制和编辑图形的操作。

12.7　思考与练习

1. 使用_____工具可以在绘图区创建横排文字。

2. 使用_____工具可以在绘图区创建垂直文字。

3. 使用_____工具可以绘制一条路径，输入的文字将沿着该路径进行横排排列。

4. 在"字幕属性"面板中单击_____选项后面的_____按钮，就可以根据选项提示为对象添加轮廓线效果。

5. 如果想创建正方形、圆角正方形或圆形，可以在选择相应的工具后，按住_____键进行图形的绘制。

6. 在 Premiere Pro CC 2017 中，可以通过哪两种方法创建默认静态字幕？

7. 在字幕设计器中输入文字后，应该在什么位置设置文字的属性？

8. 在字幕设计器中，"字幕样式"面板的作用是什么？

9. 在视频中创建长篇幅的文字时，视频画面通常只能显示一部分文字，这时通常可以采用什么方式显示其他文字？

10. 创建一个项目和一个字幕对象，然后在字幕设计器中创建职员表文字，并设置文字的属性，效果如图 12-97 所示。

图 12-97　创建字幕对象

第13章 音频编辑

在影视作品中，音频的编辑是不可缺少的一部分。适当的背景音乐可以给人们带来喜悦或神秘的感觉。本章将介绍音频编辑的相关知识，包括音频的基础知识、音频素材的编辑方法、添加音频特效以及音轨混合器的应用等。

13.1 音频的基础知识

在 Premiere 中进行音频编辑之前，需要对声音及描述声音的术语进行了解，这有助于了解正在使用的声音类型是什么，以及声音的品质如何。

13.1.1 音频采样

在数字声音中，数字波形的频率由采样率决定。许多摄像机使用 32kHz 的采样率录制声音，每秒录制 32 000 个样本。采样率越高，声音可以再现的频率范围也就越广。要再现特定频率，通常应该使用双倍于频率的采样率对声音进行采样。因此，要再现人们可以听到的 20 000kHz 的最高频率，所需的采样率至少是每秒 40 000 个样本(CD 是以 44100Hz 的采样率进行录音的)。

将音频素材导入到项目面板中后，会显示声音的采样率和声位等相关参数，图 13-1 所示的音频是 44 100Hz 采样率和 16 位声音位。

图 13-1 声音的相关参数

13.1.2 声音位

在数字化声音时，由数千个数字表示振幅或波形的高度和深度。在这期间，需要对声音进行采样，以数字方式重新创建一系列的 1 和 0。如果使用 Premiere 的音轨混合器对旁白进行录音，那么由麦克风处理来自人们的声音声波，然后通过声卡将其数字化。在播放旁白时，声卡将这些 1 和 0 转换回模拟声波。

高品质的数字录音使用的位也更多。CD 品质的立体声最少使用 16 位(较早的多媒体软件有时使用 8 位的声音速率，如图 13-2 所示，这会提供音质较差的声音，但生成的数字声音文件更小)。因此，可以将 CD 品质声音的样本数字化为一系列 16 位的 1 和 0(例如 1011011011101010)。

图 13-2　8 位的声音

13.1.3　比特率

比特率是指每秒传送的比特数，单位为 bps(bit per second)。比特率越高，传送数据的速度越快。声音中的比特率是指将模拟声音信号转换成数字声音信号后，单位时间内的二进制数据量，是间接衡量音频质量的一个指标。

声音中的比特率(码率)原理与视频中的相同，都是指由模拟信号转换为数字信号后，单位时间内的二进制数据量。声音的比特率类似于图像分辨率，高比特率生成更流畅的声波，就像高图像分辨率能生成更平滑的图像一样。

13.1.4　声音文件的大小

声音的位深越大，采样率就越高，而声音文件也会越大。因为声音文件(如视频)可能会非常大，因此估算声音文件的大小很重要。可以通过位深乘以采样率来估算声音文件的大小。因此，采样率为 44 100Hz 的 16 位单声道音轨(8-bit×44 100)一秒钟生成 705 600 位(每秒 88 200 个字节)——每分钟 5MB 多，而立体声素材的大小是此大小的两倍。

13.2　Premiere 音频处理基础

在 Premiere 中可以进行音频参数的设置，还可以设置音频声道格式。当需要使用多个音频素材时，还可以添加音频轨道。

13.2.1　音频参数的设置

选择"编辑"|"首选项"|"音频"命令，在打开的"首选项"对话框中，可以对音频素材属性的使用进行一些初始设置，如图 13-3 所示。在"首选项"对话框左方的列表中选择"音频硬件"选项，可以对默认输入和输出的音频硬件进行选择，如图 13-4 所示。

图 13-3　音频参数设置

图 13-4　音频硬件设置

13.2.2　Premiere 的音频声道

Premiere 中包含了 3 种音频声道：单声道、立体声和 5.1 声道。各种声道的特点如下：

- 单声道：只包含一个声道，是比较原始的声音复制形式。当通过两个扬声器回放单声道信息的时候，可以明显感觉到声音是从两个音箱中间传递到听众耳朵里的。
- 立体声：包含左右两个声道，立体声技术彻底改变了单声道缺乏对声音位置的定位这一状况。声音在录制过程中被分配到两个独立的声道，从而达到了很好的声音定位效果。这种技术在音乐欣赏中显得尤为重要，听众可以清晰地分辨出各种乐器来自何方。
- 5.1 声道：5.1 声音系统来源于 4.1 环绕，不同之处在于它增加了一个中置单元。这个中置单元负责传送低于 80Hz 的声音信号。在欣赏影片时有利于加强人声，把对话集中在整个声场的中部，以增加整体效果。

如果要更改素材的音频声道，可以先选中该素材，然后选择"剪辑"|"修改"|"音频声道"命令。在打开的"修改剪辑"对话框中单击"剪辑声道格式"下拉列表框，在其中选择一种声道格式，如图 13-5 所示，即可将音频素材修改为对应的声道，如图 13-6 所示。

图 13-5　选择音频声道

图 13-6　修改音频声道

13.2.3　Premiere 的音频轨道

默认情况下,时间轴面板的序列中包括了 3 条标准音频轨道和一条主音轨。序列中始终包含了一条主音轨,用于控制序列中所有轨道的合成输出。

在 Premiere Pro CC 2017 的序列中可以包含以下音轨的任何组合。

1. 标准音轨

在 Premiere Pro CC 2017 中,标准音轨替代了旧版本的立体声音轨类型。它可以同时容纳单声道和立体声音频剪辑。

2. 单声道音轨

单声道音轨包含一条音频声道。如果将立体声音频素材添加到单声道轨道中,立体声音频素材通道将由单声道轨道汇总为单声道。

3. 5.1 声道音轨

5.1 声道音轨包含了 3 条前置音频声道(左声道、中置声道、右声道)、两条后置或环绕音频声道(左声道和右声道)和一条超重低音音频声道。在 5.1 声道音轨中只能包含 5.1 音频素材。

4. 自适应音轨

自适应轨道只能包含单声道、立体声和自适应素材。对于自适应音轨,可通过对工作流程效果最佳的方式将源音频映射至输出音频声道。处理可录制多个音轨的摄像机录制的音频时,这种音轨类型非常有用。处理合并后的素材或多机位序列时,也可使用这种音轨。

13.2.4　添加和删除音频轨道

选择"序列"|"添加轨道"命令,在打开的"添加轨道"对话框中可以设置添加音频轨道的数量。单击"轨道类型"下拉列表框,在其中可以选择添加的音频轨道类型,如图 13-7 所示。

选择"序列"|"删除轨道"命令,在打开的"删除轨道"对话框中可以删除音频轨道。单击"所有空轨道"下拉列表框,在其中可以选择要删除的音频轨道,如图 13-8 所示。

图 13-7　添加音频轨道　　　　　　　图 13-8　删除音频轨道

13.2.5　在影片中添加音频

将视频素材编辑好以后，通过将音频素材添加到时间轴面板的音频轨道上，即可将音频效果添加到影片中。

【练习 13-1】为视频影像添加背景音乐。

(1) 选择"文件"|"新建"|"项目"命令，打开"新建项目"对话框，创建一个项目文件，如图 13-9 所示。

(2) 选择"文件"|"导入"命令，将视频素材"01.mov"和音频素材"01.mp3"导入到项目面板中，如图 13-10 所示。

图 13-9　新建一个项目

图 13-10　导入视频和音频素材

(3) 在项目面板中选择视频素材，然后单击鼠标右键，在弹出的菜单中选择"速度/持续时间"命令，如图 13-11 所示。

(4) 在打开的"剪辑速度/持续时间"对话框中设置持续时间为 6 秒，如图 13-12 所示。

图 13-11　选择命令

图 13-12　设置持续时间

(5) 新建一个序列，然后将项目面板中的视频素材"01.mov"添加到时间轴面板的视频 1 轨道中，如图 13-13 所示。

(6) 将项目面板中的音频素材"01.mp3"拖动到时间轴面板的音频 1 轨道中，并使其入点与视频轨道中视频素材的入点对齐，如图 13-14 所示。

图 13-13　添加视频素材　　　　　　　　　图 13-14　添加音频素材

(7) 选择"窗口"|"音频仪表"命令，打开音频仪表面板，如图 13-15 所示。

(8) 单击节目监视器面板下方的"播放-停止切换"按钮 ，可以预览视频效果，并试听添加的音频效果，在音频仪表面板中会显示声音的波段，如图 13-16 所示。

图 13-15　音频仪表面板　　　　　　　　　图 13-16　显示声音的波段

注意：

默认情况下，音频仪表面板存放在工作界面的右下方。

13.3　编辑和设置音频

在 Premiere 的时间轴面板中可以进行一些简单的音频编辑。例如，可以解除音频与视频的链接，以便单独修改音频对象；也可以在时间轴面板中缩放音频素材波形，还可以使用剃刀工具分割音频。

13.3.1　在时间轴面板中查看音频

为了使时间轴面板更好地适用于音频编辑，可以进行轨道的折叠/展开、显示音频时间单位、缩放显示音频素材等设置。

1. 折叠-展开轨道

同视频轨道一样，可以通过拖动音频轨道的下边缘，展开或折叠该轨道。或是将鼠标指针移动到某个音频轨道中，向上滑动鼠标中键，即可展开该轨道；向下滑动鼠标中键，将折叠该轨道。展开音频轨道后，会显示轨道中素材的声道和声音波形，如图 13-17 所示。

图 13-17　展开音频轨道

2. 显示音频时间单位

默认情况下，时间轴面板中的时间单位以视频帧为单位，用户可以通过设置，将其修改为音频时间单位。

单击时间轴面板右上方的菜单按钮 ，在弹出的菜单中选择"显示音频时间单位"命令，如图 13-18 所示。可以将单位更改为音频时间单位，时间轴面板中的音频单位为音频样本或毫秒，如图 13-19 所示。

图 13-18　选择命令　　　　　　　　　　图 13-19　显示音频时间单位

3. 缩放显示音频素材

在时间轴面板中，音频显示过长或过短，都不利于对其进行编辑。可以通过单击并拖动时间轴缩放滑块来缩放显示音频素材，如图 13-20 所示。

图 13-20　拖动时间轴缩放滑块

13.3.2 设置音频单位格式

在监视器面板中进行编辑时，标准测量单位是视频帧。对于可以逐帧精确设置入点和
出点的视频编辑而言，这种测量单位已经很完美。但是，
对于音频需要更为精确。例如，如果想编辑一段长度小
于一帧的无关声音，Premiere 就可以使用与帧对应的音
频"单位"显示音频时间。用户可以用毫秒或可能是最
小的增量——音频样本来查看音频单位。

选择"文件"|"项目设置"|"常规"命令，打开"项
目设置"对话框，在音频"显示格式"下拉列表中可以
设置音频单位的格式为"毫秒"或"音频采样"，如图
13-21 所示。

图 13-21 设置音频单位格式

13.3.3 设置音频速度和持续时间

在 Premiere 中，不仅可以修剪音频素材的长度，也
可以通过修改音频素材的速度或持续时间，增加或减小
音频素材的长度。

在时间轴面板中选中要调整的音频素材，然后选择
"剪辑"|"速度/持续时间"命令，打开"剪辑速度/持续
时间"对话框。在"持续时间"选项中可以对音频的长
度进行调整，如图 13-22 所示。

图 13-22 调整持续时间

注意：

当改变"剪辑速度/持续时间"对话框中的速度值时，音频的播放速度会发生改变，从
而可以使音频的持续时间发生改变，但改变后的音频素材的节奏也改变了。

13.3.4 修剪音频素材的长度

由于修改音频素材的持续时间会改变音频素材的播放速度，当音频素材过长时，为了
不影响音频素材的播放速度，还可以在时间轴面板中向左拖动音频的边缘，如图 13-23 所
示，以减小音频素材的长度，如图 13-24 所示。或者使用剃刀工具 对音频素材进行切割，
再将多余部分音频删除，从而改变音频轨道上音频素材的长度。

图 13-23 拖动音频的边缘

图 13-24 修改音频素材的长度

【练习 13-2】修改背景音乐的长度。

(1) 创建一个项目文件和一个序列。然后将视频素材和音频素材导入到项目面板中，如图 13-25 所示。

(2) 将视频素材和音频素材分别添加到时间轴面板的视频 1 和音频 1 轨道中，如图 13-26 所示。

图 13-25　导入素材　　　　　　　　　　图 13-26　添加素材

(3) 将时间指示器移动到视频素材的出点处，然后使用剃刀工具 ◆ 在时间指示器的位置单击音频素材，对其进行切割，如图 13-27 所示。

(4) 使用选择工具 ▶ 选中被切割的后面部分音频素材，然后按 Delete 键将其删除，完成对音频素材的修剪操作，效果如图 13-28 所示。

图 13-27　切割音频素材　　　　　　　　图 13-28　删除多余素材

注意：

由于默认情况下开启了"对齐"功能，将时间指示器移到需要的位置，可以在切割素材时，自动对齐到时间指示器的位置；但如果切割位置离时间指示器太远，"对齐"功能则无效。

13.3.5　音频和视频链接

默认情况下，带音视频素材的视频和音频为链接状态，将带音视频素材放入时间轴面板中，会同时选中视频和音频对象。在移动、删除其中一个对象时，另一个对象也将发生相应的操作。在编辑音频素材之前，用户可以根据实际需要，解除视频和音频的链接。

1. 解除音频和视频的链接

将带音视频素材添加到时间轴面板中并将其选中，然后选择"剪辑|取消链接"命令，或者在时间轴面板中右击音频或视频，然后选择"取消链接"命令，如图 13-29 所示，即可解除音频和视频的链接。解除链接后，就可以单独选择音频或视频来对其进行编辑。

图 13-29　选择"取消链接"命令

2. 重新链接音频和视频

在时间轴面板中选中要链接的视频和音频素材，然后选择"剪辑|链接"命令，或者在时间轴面板中右击音频或视频素材，然后选择"链接"命令，即可链接音频和视频素材。

注意：

在时间轴面板中先选择一个视频或音频素材，然后按住 Shift 键，单击其他素材，即可同时选择多个素材，也可以通过框选的方式同时选择多个素材。

3. 暂时解除音频与视频的链接

Premiere 提供了一种暂时解除音频与视频的链接的方法。用户可以先按住 Alt 键，然后单击素材的音频或视频部分将其选中，再松开 Alt 键，通过这种方式可以暂时解除音频与视频的链接，如图 13-30 所示。暂时解除音频与视频的链接后，可以直接拖动选中的音频或视频，在释放鼠标之前，素材的音频和视频仍然处于链接状态，但是音频和视频不再处于同步状态，如图 13-31 所示。

注意：

如果在按住 Alt 键的同时直接拖动素材的音频或视频，则是对选中的部分进行复制。

图 13-30　按住 Alt 键选中音频或视频素材

图 13-31　暂时解除音频与视频素材的链接

4．设置音频与视频同步

如果在暂时解除音频与视频链接的操作后，素材的音频和视频不处于同步状态，用户可以通过暂时解除音频与视频链接的操作，重新调整音频与视频素材，使其处于同步状态。或是先解除音频与视频的链接，然后在时间轴面板中选中要同步的音频和视频，再选择"剪辑"|"同步"命令，打开"同步剪辑"对话框。在该对话框可以设置素材同步的方式，如图 13-32 所示。

图 13-32　"同步剪辑"对话框

13.3.6　调整音频增益

音频增益指的是音频信号的声调高低。当一个视频片段同时拥有几个音频素材时，就需要平衡这几个素材的增益。如果一个素材的音频信号或高或低，就会严重影响播放时的音频效果。

【练习 13-3】调整音频素材的音频增益。

(1) 在时间轴面板中选中需要调整的音频素材。然后选择"剪辑"|"音频选项"|"音频增益"命令，打开"音频增益"对话框，如图 13-33 所示。

(2) 单击"调整增益值"选项的数值，然后输入新的数值，修改音频的增益值，如图 13-34 所示。

(3) 完成设置后，播放修改后的音频素材，可以试听音频效果。也可以打开源监视器面板，查看处理前后的音频波形变化，如图 13-35 和图 13-36 所示。

图 13-33 "音频增益"对话框   图 13-34 修改增益值

图 13-35 修改前的音频波形图   图 13-36 修改后的音频波形图

13.4 应用音频特效

在 Premiere 影视编辑中，可以对音频对象添加特殊效果，如淡入淡出、摇摆效果和系统自带的音频效果，从而使音频的内容更加和谐、美妙。

13.4.1 制作淡入淡出的音效

在许多影视片段的开始和结束处，都使用了声音的淡入淡出变化，使场景内容的展示更自然和谐。在 Premiere 中可以通过编辑关键帧，为加入到时间轴面板中的音频素材制作淡入淡出的效果。

【练习 13-4】制作淡入淡出声音效果。

(1) 新建一个项目文件和一个序列，然后将视频和音频素材导入到项目面板中，如图 13-37 所示。

(2) 将视频和音频素材分别添加到时间轴面板的视频和音频轨道中，如图 13-38 所示。

(3) 在时间轴面板中向左拖动音频素材的出点，使其与视频素材的出点对齐，如图 13-39 所示。

(4) 选择音频轨道中的音频素材，然后将时间指示器移到第 0 秒的位置，再单击音频 1 轨道上的"添加-移除关键帧"按钮，在此添加一个关键帧，如图 13-40 所示。

图 13-37　导入素材

图 13-38　添加素材

图 13-39　拖动素材出点

图 13-40　添加关键帧

(5) 将时间指示器移到第 2 秒的位置，继续在音频 1 轨道中为音频素材添加一个关键帧，如图 13-41 所示。

(6) 将第 0 秒位置的关键帧向下拖动到最下端，使该帧声音大小为 0，制作声音的淡入效果，如图 13-42 所示。

图 13-41　添加关键帧

图 13-42　制作声音的淡入效果

(7) 在第 16 秒和第 18 秒的位置，分别为音频 1 轨道中的音频素材添加一个关键帧，如图 13-43 所示。

(8) 将第 18 秒的关键帧向下拖动到最下端，使该帧声音大小为 0，制作声音淡出效果，如图 13-44 所示。

(9) 单击节目监视器面板下方的"播放-停止切换"按钮 ，可以试听音频的淡入淡出效果。

图 13-43　添加关键帧　　　　　　　　　　　　图 13-44　制作声音淡出效果

注意:

　　用户也可以在效果控件面板中设置和修改音频素材的音量级别关键帧, 制作声音的淡入淡出效果。

13.4.2　制作声音摇摆效果

　　在时间轴面板中进行音频素材的编辑时, 在音频素材上的菜单中选择"声像器" | "平衡"命令, 可以通过添加控制点来设置音频素材声音的摇摆效果, 即把立声道的声音改造为在左右声道间来回切换播放的效果。

　　【练习 13-5】制作摇摆旋律。

　　(1) 创建一个项目文件和一个序列。然后将音频素材导入到项目面板中, 如图 13-45 所示。

　　(2) 将音频素材添加到时间轴面板的音频 1 轨道中, 如图 13-46 所示。

　　图 13-45　导入素材　　　　　　　　　　　　图 13-46　添加素材

　　(3) 在音频 1 轨道中右击音频素材上的▣图标, 在弹出的菜单中选择"声像器" | "平衡"命令, 如图 13-47 所示。

　　(4) 展开音频 1 轨道, 当时间指示器处于第 0 秒的位置时, 单击音频 1 轨道中的"添加-移除关键帧"按钮▣, 在音频 1 轨道中添加一个关键帧, 如图 13-48 所示。

　　(5) 将时间指示器移动到第 15 秒的位置, 单击音频 1 轨道中的"添加-移除关键帧"按钮▣, 如图 13-49 所示, 然后将添加的关键帧向下拖动到最下端, 如图 13-50 所示。

图 13-47　选择"声像器"|"平衡"命令

图 13-48　添加关键帧

图 13-49　继续添加关键帧

图 13-50　调整关键帧

(6) 将时间指示器移动到第 30 秒的位置，单击音频 1 轨道中的"添加-移除关键帧"按钮，然后将添加的关键帧向上拖动到最上端，如图 13-51 所示。

(7) 在每隔 15 秒的位置，分别为音频素材添加一个关键帧，并调整各个关键帧的位置，如图 13-52 所示。

(8) 单击节目监视器面板下方的"播放-停止切换"按钮，试听音乐的摇摆效果。

图 13-51　添加并调整关键帧

图 13-52　继续添加并调整关键帧

13.4.3　应用音频效果

在 Premiere 的效果面板中集成了音频过渡和音频效果。音频过渡中提供 3 个交叉淡化过渡，如图 13-53 所示。在使用音频过渡效果时，只需要将其拖曳到音频素材的入点或出点位置，然后在效果控件面板中进行具体设置即可。

"音频效果"文件夹中存放着 40 多种声音特效，如图 13-54 所示。将这些特效直接拖放在时间轴面板中的音频素材上，即可对该音频素材应用相应的特效。

图 13-53　音频过渡

图 13-54　音频效果

"音频效果"文件夹中常用音频效果的作用如下：

- 多功能延迟：一种多重延迟效果，可以对素材中的原始音频添加多达四次回声。
- 多频段压缩器：它是一个可以分波段控制的三波段压缩器。当需要柔和的声音压缩器时，使用这个效果。
- 低音：允许增加或减少较低的频率(等于或低于 200Hz)。
- 平衡：允许控制左右声道的相对音量，正值增大右声道的音量，负值增大左声道的音量。
- 声道音量：允许单独控制素材或轨道的立体声或 5.1 声道中每一个声道的音量。每一个声道的电平单位为分贝。
- 室内混响：通过模拟室内音频播放的声音，为音频素材添加气氛和温馨感。
- 消除嗡嗡声：一种滤波效果，可以删除超出指定范围或波段的频率。
- 反转：将所有声道的相位颠倒。
- 高通：删除低于指定频率界限的频率。
- 低通：删除高于指定频率界限的频率。
- 延迟：可以添加音频素材的回声。
- 参数均衡器：可以增大或减小与指定中心频率接近的频率。
- 互换声道：可以交换左右声道信息的布置。只能应用于立体声素材。
- 高音：允许增大或减小高频(4000Hz 和更高)。Boost 控制项指定调整的量，单位为分贝。
- 音量：如果需要在其他标准前渲染音量，使用音量效果代替固定音量效果。音量效果可以提高音频电平而不被修剪，只有当信号超过硬件允许的动态范围时才会出现修剪，这时往往导致失真的音频。正值表示增加音量，而负值表示减小音量。

【练习 13-6】为音频素材添加音频效果。

(1) 新建一个项目文件，然后在项目面板中导入视频和音频素材，如图 13-55 所示。

(2) 新建一个序列，将视频和音频素材分别添加到视频和音频轨道中，并调整音频素材和与视频素材的出点，如图 13-56 所示。

图 13-55　导入素材　　　　　　　　　图 13-56　添加素材

（3）在效果面板中选择"音频效果"|"室内混响"效果，如图 13-57 所示，然后将其拖动到时间轴面板中的音频素材"音乐.wav"上，为音频素材添加室内混响效果。

（4）选择"窗口"|"效果控件"命令，在打开的效果控件面板中可以设置室内混响音频效果的参数，如图 13-58 所示。

（5）单击节目监视器面板下方的"播放-停止切换"按钮 ，可以试听添加特效后的音乐效果。

图 13-57　选择"室内混响"效果　　　　　图 13-58　效果控件面板

13.5　应用音轨混合器

Premiere 的音轨混合器是音频编辑中最强大的工具之一，在有效地运用该工具之前，应该熟悉其控件和功能。

13.5.1　认识音轨混合器面板

选择"窗口"|"音轨混合器"命令，可以打开音轨混合器面板，如图 13-59 所示。Premiere 的音轨混合器面板可以对音轨素材的播放效果进行编辑和实时控制。音轨混合器面板为每一条音轨都提供了一套控制方法，每条音轨也根据时间轴面板中的相应音频轨道进行编号。使用该面板，可以设置每条轨道的音量大小、静音等。

图 13-59　音轨混合器面板

- 左右声道平衡：将该按钮向左转用于控制左声道，向右转用于控制右声道。也可以单击按钮下面的数值栏，然后输入数值来控制左右声道，如图 13-60 所示。

图 13-60　左右声道平衡

- 静音、独奏、录音：M(静音轨道)按钮控制静音效果；S(独奏轨道)按钮可以使其他音轨上的片段成静音效果，只播放该音轨片段；R(启用轨道以进行录制)按钮用于录音控制，如图 13-61 所示。

图 13-61　静音、独奏、录音控制

- 音量控制：将滑块向上下拖动，可以调节音量的大小，旁边的刻度用来显示音量值，单位是 db，如图 13-62 所示。

图 13-62　音量控制

- 音轨号：对应着时间轴面板中的各个音频轨道，如图 13-63 所示。如果在时间轴面板中增加了一条音频轨道，则在音轨混合器窗口中也会显示出相应的音轨号。

图 13-63　音轨号

- 自动模式：在该下拉列表中可以选择一种音频控制模式，如图 13-64 所示。

图 13-64　自动控制模式

- 播放控制：这些按钮包括转到入点、转到出点、播放-停止切换、从入点到播放出
  点、循环和录制按钮，如图 13-65 所示。

图 13-65　播放控制按钮

13.5.2　声音调节和平衡控件

在输出到立体声轨道或 5.1 轨道时，"左/右平衡"旋钮用于控制单声道轨道的级别。
因此，通过声像平衡调节，可以增强声音效果(比如随着鸟儿从视频监视器的右边进入视野，
右声道中发出鸟儿的鸣叫声)。

平衡用于重新分配立体声轨道和 5.1 轨道中的输出。在一条声道中增加声音级别的同
时，另一条声道的声音级别将减少，反之亦然。可以根据正在处理的轨道类型，使用"左/
右平衡"旋钮控制均衡和声像调节。在使用声像调节或平衡时，单击并拖动"左/右平衡"
旋钮上的指示器，或拖动旋钮下方的数字读数，也可以单击数字读数并输入一个数值，如
图 13-66、图 13-67 和图 13-68 所示。

图 13-66　拖动指示器　　　　　图 13-67　拖动数字　　　　　图 13-68　输入数值

13.5.3　添加效果

在进行音频编辑的操作中，可以将效果添加到音轨混合器中。先在音轨混合器面板的
左上角单击"显示/隐藏效果和发送"按钮▶，如图 13-69 所示，展开效果区域。然后将效
果加载到音轨混合器的效果区域，再调整效果的个别控件，如图 13-70 所示。

图 13-69　单击按钮

图 13-70　加载效果

注意:

在音轨混合器面板中，一个效果控件显示为一个旋钮。用户可以同时对一条音频轨道添加 1 到 5 种效果。

【练习 13-7】 在音轨混合器中应用音频效果。

(1) 新建一个项目文件和一个序列，然后导入音频素材，并将其添加到时间轴面板的音频 1 轨道中，如图 13-71 所示。

(2) 展开音频 1 轨道，在音频 1 轨道中单击"显示关键帧"按钮 ，然后选择"轨道关键帧"|"音量"命令，如图 13-72 所示。

图 13-71　添加音频素材

图 13-72　选择"音量"命令

(3) 选择"窗口"|"音轨混合器"命令，打开音轨混合器面板。然后在音轨混合器面板的左上角单击"显示/隐藏效果和发送"按钮 ，展开效果区域。

(4) 在要应用效果的轨道中，单击效果区域中的"效果选择"下拉按钮，打开一个音频效果列表，从效果列表中选择想要应用的效果，如图 13-73 所示。在音轨混合器面板的效果区域会显示该效果，如图 13-74 所示。

图 13-73　选择要应用的效果

图 13-74　显示应用的效果

（5）如果要切换到效果的另一个控件，可以单击控件名称右方的下拉按钮，并在弹出的列表中选择另一个控件，如图 13-75 所示。

（6）单击音频 1 中的"自动模式"下拉按钮，然后在弹出的菜单中选择"触动"命令，如图 13-76 所示。

图 13-75　选择另一个控件

图 13-76　选择"触动"模式

（7）单击音轨混合器面板中的"播放-停止切换"按钮▶，同时根据需要调整效果音量，如图 13-77 所示。调整后的轨道关键帧将发生相应的变化，效果如图 13-78 所示。

图 13-77　根据需要调整效果音量

图 13-78　调整后的轨道关键帧

13.5.4　关闭效果

在音轨混合器面板中单击效果控件旋钮右边的旁路图标，在该图标上会出现一条斜线，此时可以关闭相应的效果，如图 13-79 所示。如果要重新开启该效果，只需再次单击旁路图标即可。

13.5.5　移除效果

如果要移除音轨混合器面板中的音频效果，可以单击该效果名称右边的"效果选择"下拉按钮，然后在下拉列表中选择"无"选项即可，如图 13-80 所示。

图 13-79　关闭效果　　　　　　　　　　图 13-80　移除音频效果

13.6　本章小结

本章主要介绍了音频的基础知识以及音频编辑的操作方法。通过本章的学习，读者应该重点掌握在时间轴面板中添加和编辑音频素材的方法、设置音频轨道关键帧以及使用音轨混合器对音频素材进行编辑，并熟悉常用音频效果的作用及使用方法。

13.7　思考与练习

1. 声音的位深越大，它的采样率就越高，声音文件也会越＿＿＿＿＿＿。

2. 音频轨道中用来控制所有音频轨道的组合输出的是＿＿＿＿＿＿＿。

3. 音频增益指的是音频信号的＿＿＿＿＿＿＿。

4. 音频轨道的类型主要有＿＿＿＿＿＿＿＿＿＿。

5. 可以添加四次音频素材的回声的音频效果是＿＿＿＿＿＿＿＿。

6. 修改音频素材的速度后，该音频素材的＿＿＿＿＿＿＿也将被改变。

7. 音频采样是指什么？

8. 音轨混合器面板的作用是什么？

9. 启动 Premiere Pro CC 2017 应用程序，创建一个名为"高山流水"的项目文件和序列。在项目面板中导入视频素材和音频素材，并将素材添加到时间轴面板的轨道中进行编排，然后调整音频素材的持续时间，再对音频素材制作淡入淡出效果，并用音轨混合器添加音频效果和调整音频的音量，如图 13-81 所示。

图 13-81　创建"高山流水"影片效果

第14章 渲染与输出

应用 Premiere 在编辑视频的过程中,如果添加了视频过渡和视频效果等特效,要想看到实时的画面效果,就需要对工作区进行渲染。当完成项目的编辑后,就需要将项目输出为影片,以便在其他计算机中对影片效果进行保存和观看。

本章将介绍项目渲染和输出的操作方法及相关知识,包括项目的渲染和生成、项目文件导出的格式、图片导出与设置、视频导出与设置、音频导出与设置等操作。

14.1 项目渲染

在 Premiere 中,渲染是在编辑过程中不生成文件而只浏览节目实际效果的一种播放方式。在编辑工作中应用渲染,可以检查素材之间的组接关系和观看应用特效后的效果。由于渲染可以采用较低的画面质量,速度比输出节目快,便于随时对节目进行修改,从而能够提高编辑效率。

14.1.1 Premiere 的渲染方式

Premiere 对项目文件支持两种渲染方式:实时渲染和生成渲染。

1. 实时渲染

实时渲染支持所有的视频效果、过渡效果、运动设置和字幕效果。使用实时渲染不需要进行任何生成工作,可节省时间。如果在项目中应用了较复杂的效果,可以降低画面品质或降低帧速率,以便在渲染过程中达到正常的渲染效果。

2. 生成渲染

生成渲染需要对序列中的所有内容和效果进行生成。生成的时间与序列中素材的复杂程有关。使用生成渲染播放视频的质量较高,便于检查细节上的纰漏,通常只选择一部分内容进行生成渲染。

注意:

当视频素材不能以正常帧速率播放时,时间轴面板的时间标尺处将出现红线提示;当能够以正常帧速率播放时,时间轴面板的时间标尺处将出现绿线提示。

14.1.2 渲染文件的暂存盘设置

实时渲染和生成渲染在渲染视频时都会生成渲染文件。为了提高渲染的速度,应选择转速快、空间大的本地硬盘暂存渲染文件。

选择"文件"|"项目设置"|"暂存盘"命令，打开"项目设置"对话框。可以在"视频预览"和"音频预览"选项中设置渲染文件的暂存盘路径，如图 14-1 所示。

图 14-1　设置渲染文件的暂存盘

14.1.3　项目的渲染与生成

完成视频作品的后期编辑处理后，在时间轴面板中拖动工作区域条以显示要渲染的区域，然后选择"序列"|"渲染入点到出点的效果"命令，或者在选中时间轴面板后按 Enter 键，即可渲染入点到出点的效果。此时将会出现正在渲染的进度，如图 14-2 所示。

渲染文件生成后，在时间轴面板中的工作区上方和时间标尺下方之间的红线会变成绿线，表明相应视频素材片段已经生成了渲染文件，在节目监视器中将自动播放渲染后的效果。生成的渲染文件将暂存在设置的暂存盘文件夹中，如图 14-3 所示。

图 14-2　渲染进度

图 14-3　暂存渲染文件

注意：

如果项目文件未被保存，在退出 Premiere 后，暂存的渲染文件将会被自动删除。

14.2　项目输出

　　项目输出工作就是对编辑好的项目进行导出，将其发布为最终作品。在完成 Premiere 项目的视频和音频编辑后，即可将其作为数字文件输出进行观赏。

14.2.1　项目输出类型

　　在 Premiere 中，可以将项目以多种类型对象进行输出。选择"文件"|"导出"命令，可以在弹出的子菜单中选择导出文件的类型，如图 14-4 所示。

图 14-4　文件的导出类型

　　在 Premiere Pro CC 2017 中，项目输出类型主要有如下几种：

- 媒体：用于导出影片文件，是常用的导出方式。
- 字幕：用于导出字幕文件。
- 磁带：导出到磁带中。
- EDL：将项目文件导出为 EDL 格式。EDL(Editorial Determination List，编辑决策列表)是一个表格形式的列表，由时间码值形式的电影剪辑数据组成。EDL 是在编辑时由很多编辑系统自动生成的，并可保存到磁盘中。当在脱机/联机模式下工作时，编辑决策列表极为重要。脱机编辑下生成的 EDL 被读入到联机系统中，作为最终剪辑的基础。
- OMF：将项目文件导出为 OMF 格式。
- AAF：将项目文件导出为 AAF 格式。AAF(Advanced Authoring Format)意为"高级制作格式"，是一种用于多媒体创作及后期制作、面向企业界的开放式标准。AAF 是自非线性编辑系统之后电视制作领域最重要的新进展之一，它解决了多用户、跨平台以及多台计算机协同进行创作的问题，给后期制作带来了极大便利。
- Final Cut Pro XML：将项目文件导出为 XML 格式。XML(Extensible Markup Language)意为可扩展标记语言，它与 HTML 一样，都是 SGML(Standard Generalized Markup Language，标准通用标记语言)。XML 是 Internet 环境中跨平台的、依赖于内容的技术，是当前处理结构化文档信息的有力工具。

14.2.2　影片导出与设置

在 Premiere Pro CC 2017 中，将项目文件作为影片导出的格式通常包括 Windows Media、AVI、QuickTime 和 MEPG 等，用户可以在计算机中直接双击这些格式的视频对象进行观看。

1. 影片导出的常用设置

在导出项目的设置中，可以在"导出设置"对话框中进行必要的设置，以便达到需要的导出效果。

选择"文件"|"导出"|"媒体"命令，可以在"导出设置"对话框中进行基本的导出设置，包括导出的源范围、导出的类型和格式、视频设置和音频设置等，如图 14-5 所示。

图 14-5　"导出设置"对话框

1) 预览视频效果

在"导出设置"对话框中选择"源"选项卡，可以预览源文件效果；选择"输出"选项卡，可以预览基于当前设置的视频效果。

2) 设置导出内容

在"导出设置"对话框下方单击"源范围"下拉按钮，在弹出的列表中可以选择要导出的内容是整个序列还是工作区域，或是其他内容，如图 14-6 所示。

图 14-6　选择要导出的内容

3) 设置导出格式

在"导出设置"对话框右方单击"导出设置"选项组中的"格式"列表框，在弹出的
列表中可以选择导出项目的格式，其中包括各种图片和视频格式，如图 14-7 所示。

图 14-7　选择导出的格式

4) 设置视频编解码器

在"导出设置"对话框右方选择"视频"选项卡，单击"视频编解码器"列表框，在
弹出的列表中可以选择导出影片的视频编解码器，如图 14-8 所示。

5) 设置导出画面的大小

在"视频"选项卡中展开"基本视频设置"选项组，在其中可以设置视频画面的质量、
宽度、高度和帧速率等，如图 14-9 所示。

图 14-8　选择视频编解码器

图 14-9　选择导出的格式

注意：

对影片设置不同的视频编解码器，得到的视频质量和视频大小也不相同。

6) 画面剪裁

在导出文件前，用户可以根据需要对源视频进行裁剪，还可以对画面剪裁的纵横比进

行设置。

　　选择"源"选项卡，然后选择"剪裁导出视频"工具 进行剪裁。如果要使用像素精确地进行裁切，可以单击"左侧"、"顶部"、"右侧"或"底部"数字并输入准确的值即可。另外，可以在想保留的视频区域上单击并拖动一角，此时会显示一个读数，表示以像素为单位的帧大小，如图 14-10 所示。

图 14-10　剪裁源视频

　　如果想更改裁切的纵横比，可以单击"剪裁比例"下拉列表框，然后在下拉列表中选择剪裁纵横比，如图 14-11 所示。

　　要预览裁切的视频效果，可以选择"输出"选项卡。如果想缩放视频的帧大小以适合裁切边框，可以在"裁剪设置"下拉列表中选择"缩放以适合"选项，如图 14-12 所示。

图 14-11　选择剪裁纵横比

图 14-12　预览视频裁切效果

7) 保存、导出和删除预设

　　如果对预设进行更改，可以将自定义预设保存到磁盘中，以便以后使用。在保存预设后，还可以导入或删除它们。

- 保存预设：要保存一个编辑过的预设以备将来使用，或以之作为比较导出效果的样本，则单击"保存预设"按钮 ，如图 14-13 所示。在打开的"选择名称"对话框中输入名称。如果想保存效果设置，就选中"保存效果设置"复选框；要保存发布设置，则选中"保存发布设置"复选框，完成后单击"确定"按钮即可，如图 14-14 所示。

图 14-13　单击"保存预设"按钮　　　　　图 14-14　"选择名称"对话框

- 导入预设：导入自定义预设的最简单方法是单击"预设"下拉菜单，并从列表的顶部选择它。另外可以单击"导入预设"按钮，然后从磁盘加载预设，预设文件的扩展名为.epr，如图 14-15 所示。

- 删除预设：要删除预设，首先加载预设，然后单击"删除预设"按钮，会出现一条警告，警告此删除过程不可恢复，如图 14-16 所示。

图 14-15　加载预设　　　　　　　　　图 14-16　删除预设

2. 导出影片对象

要将编辑好的项目导出为影片对象，首先需要在时间轴面板中选中要导出的序列，然后选择"文件"|"导出"|"媒体"命令对其进行导出。

【练习 14-1】导出影片文件。

(1) 打开"风景欣赏.prproj"文件，单击时间轴面板中的"序列 01"将其选中，如图 14-17 所示。

图 14-17　选中要导出的序列

(2) 选择"文件"|"导出"|"媒体"命令，打开"导出设置"对话框。在"导出设置"

对话框下方单击"源范围"下拉按钮，选择 Premiere 项目要导出的内容为"整个序列"，如图 14-18 所示。

图 14-18　导出整个序列

(3) 在"导出设置"对话框下方单击"适合"下拉按钮，在弹出的下拉列表中选择导出影片的比例为 100%，如图 14-19 所示。

图 14-19　选择要导出的比例

(4) 在"导出设置"选项组中单击"格式"列表框，在弹出的列表中选择导出项目的影片格式为 MPEG4，如图 14-20 所示。

图 14-20　选择导出的影片格式

(5) 在"导出设置"选项组中单击"输出名称"选项，如图 14-21 所示。然后在打开的"另存为"对话框中设置导出的路径和文件名，如图 14-22 所示。

图 14-21　单击"输出名称"选项

图 14-22　设置路径和文件名

(6) 根据需要设置导出的类型，如果不想导出音频，就取消选中"导出音频"复选框，如图 14-23 所示。

(7) 展开"视频"选项卡，在其中可更改视频设置，如视频的高度和宽度、帧速率和电视标准等，如图 14-24 所示。

图 14-23　设置导出的类型

图 14-24　更改视频设置

(8) 单击"导出"按钮，即可将项目序列导出为指定的视频文件。然后使用播放软件即可播放导出的视频文件，如图 14-25 所示。

图 14-25　播放视频内容

注意:

蓝光(blue-ray)是一种高清 DVD 磁盘格式,该格式提供了标准的 4.7GB 单层 DVD 5 倍以上的存储容量(双面蓝光可以存储 50GB,这可以提供高达 9 小时的高清晰度内容或 23 小时的标准清晰度内容)。这种格式之所以被称为蓝光,是因为它使用蓝紫激光而不是传统的红色激光来读写数据。蓝光支持高清晰度的增强 MPEG2 标准以及 MPEG4 和 H.264,它还支持所有传统 DVD 的音频编码及 Dolby TrueHD。

14.2.3　图片的导出与设置

在 Premiere 中,不仅可以将编辑好的项目文件导出为影片格式,还可以将其导出为序列图片或单帧图片。

1. 图片的导出格式

在 Premiere Pro CC 2017 中可以将编辑好的项目文件导出为图片格式,其中包括 BMP、GIF、JPG、PNG、TAG 和 TIF 格式。

- BMP(Windows Bitmap):这是一种由 Microsoft 公司开发的位图文件格式。几乎所有的常用图像软件都支持这种格式。该格式的图像支持 1 位、4 位、8 位、16 位、24 位和 32 位颜色,对图像大小无限制,并支持 RLE 压缩,因此被广泛应用,其缺点是文件占用空间大。
- GIF:流行于 Internet 上的图像格式,是一种较为特殊的格式。
- TAG(Targa):这是一种由 True Vision 公司开发的位图文件格式,是国际上的图形图像工业标准,是一种常用于数字化图像等高质量图像的格式。一般文件为 24 位和 32 位,是使图像由计算机向电视转换的首选格式。
- TIF(TIFF):这是一种由 Aldus 开发的位图文件格式,支持大部分操作系统,支持 24 位颜色,对图像大小无限制,支持 RLE、LZW、CCITT 以及 JPEG 压缩。
- JPG(JPEG):JPG 图片以 24 位颜色存储单个光栅图像。JPG 是与平台无关的格式,支持最高级别的压缩,不过这种压缩是有损耗的。
- PNG:是一种于 20 世纪 90 年代中期开始开发的图像文件存储格式,其目的是试图替代 GIF 和 TIFF 文件格式,同时增加一些 GIF 文件格式所不具备的特性。

2. 导出序列图片

编辑好项目文件后,可以将项目文件中的序列导出为序列图片,即以序列图片的形式显示序列中每一帧的图片效果。

【练习 14-2】导出序列图片。

(1) 打开"风景欣赏.prproj"项目文件,在时间轴面板中选择要导出的序列。

(2) 选择"文件"|"导出"|"媒体"命令,打开"导出设置"对话框。然后单击"格式"下拉列表框,在下拉列表中选择导出的图片格式为 JPEG,如图 14-26 所示。

图 14-26　选择导出的图片格式

（3）在"导出名称"选项中单击导出的名称，打开"另存为"对话框，设置存储文件的名称和路径后，单击"保存"按钮，如图 14-27 所示。

（4）返回"导出设置"对话框，在"视频"选项卡中设置图片的质量、宽度和高度，并保持选中【导出为序列】复选框，然后设置"帧速率"值，如图 14-28 所示。

图 14-27　设置保存路径和名称

图 14-28　设置图片属性

注意：

要设置导出图片的宽度、高度、帧速率和宽高，首先要取消选中各选项后面的复选框。

（5）单击"导出"按钮导出项目序列，会导出静止图像的序列，每个视频帧导出一个序列，本例导出的序列图像如图 14-29 所示。

图 14-29　预览图片效果

3. 导出单帧图片

完成项目文件的创建时，有时需要将项目中的某一帧画面导出为静态图片文件。例如，对影片项目中制作的视频特效画面进行取样操作等。

【练习 14-3】导出单帧图片。

(1) 打开"风景欣赏.prproj"项目文件，然后在时间轴面板中将时间指示器拖动到需要导出帧的位置，如图 14-30 所示。

(2) 在节目监视器面板中可以预览目前帧的画面，确定需要导出内容的画面，如图 14-31 所示。

图 14-30　定位时间指示器

图 14-31　预览画面

(3) 选择"文件"|"导出"|"媒体"命令，打开"导出设置"对话框，单击"格式"下拉列表框，在弹出的下拉列表中选择导出的图片格式为 TIFF，如图 14-32 所示。

图 14-32　选择导出的图片格式

(4) 在"导出名称"选项中单击导出的名称，打开"另存为"对话框，设置存储文件的名称和路径。

(5) 返回"导出设置"对话框中，在"基本设置"选项组中设置图片的宽度和高度。取消选中"导出为序列"复选框，然后单击"导出"按钮导出图片，如图 14-33 所示。

(6) 导出项目序列后，即可在导出位置预览导出的单帧图片效果，如图 14-34 所示。

图 14-33　设置图片属性

图 14-34　预览图片效果

注意:

要将项目序列中的某帧图像导出为单帧图片, 一定要在"基本设置"选项组中取消选中"导出为序列"复选框。

14.2.4　音频的导出与设置

在 Premiere 中, 除了可以将编辑好的项目导出为图片文件和影音文件外, 也可以将项目文件导出为纯音频文件。Premiere Pro CC 2017 可以导出的音频文件包括 WAV、MP3、ACC 等格式。下面以具体的练习讲解导出音频文件及设置。

【练习 14-4】导出音乐文件。

(1) 打开"风景欣赏.prproj"项目文件, 选择"文件"|"导出"|"媒体"命令, 打开"导出设置"对话框, 在"格式"下拉列表框中选择一种音频格式(如"波形音频"), 如图 14-35 所示。

(2) 在"导出名称"选项中单击导出的名称, 打开"另存为"对话框, 设置存储文件的名称和路径, 然后单击"保存"按钮, 如图 14-36 所示。

图 14-35　选择音频格式

图 14-36　设置文件路径和名称

(3) 在"音频编解码器"下拉列表框中选择需要的编码器, 如图 14-37 所示。

(4) 在"采样率"下拉列表框中选择需要的音频采样率, 如图 14-38 所示。

图 14-37　设置音频编码器　　　　　　　　　图 14-38　设置音频采样率

- 采样率：降低采样率设置可以减少文件大小，并加速最终产品的渲染。采样率越高，质量越好，但处理时间也越长。例如，**CD** 品质是 **44kHz**。
- 样本大小：立体 32 位是最高设置，8 位单声是最低设置。位深度越低，生成的文件越小，并能减少渲染时间。

(5) 在"声道"选项中选择"单声道"模式，然后单击"导出"按钮，将项目文件导出为音频文件，如图 14-39 所示。

(6) 在相应的位置可以找到导出的音频文件，并且可以双击该文件进行播放，如图 14-40 所示。

图 14-39　选择声道　　　　　　　　　　　　图 14-40　播放音频文件

14.3　本章小结

本章介绍了项目渲染和项目输出的相关操作与知识，包括项目的渲染与生成、导出的格式、图片的导出与设置、影片的导出与设置、音频的导出与设置等。通过本章的学习，读者应了解编解码格式，掌握项目渲染方法以及各种视频和音频的导出方法。

14.4　思考与练习

1. 在 Premiere 中，可以将项目文件作为视频导出的格式通常包括_____。

2. 在导出项目文件之前，首先需要在时间轴面板中选中_____，然后在"导出设置"对话框中进行基本的设置。

3. 在 Premiere 中，不仅可以将编辑好的项目文件导出为影片格式，还可以将其导出为序列图片或_____。

4. Premiere Pro CC 2017 可以导出的音频文件包括_____等格式。

5. 降低音频的_____设置可以减少文件大小，并加速最终产品的渲染。

6. Premiere 支持哪几种渲染方式，各种渲染方式有什么特点？

7. 启动 Premiere Pro CC 2017 应用程序，打开"影碟.prproj"项目文件，选中要导出的序列，将项目文件导出为带有视频和音频的影音文件。在"导出设置"对话框中，设置导出的格式为 AVI，并选中"导出视频"和"导出音频"复选框，再分别设置视频编解码器、音频编解码器、音频采样率等参数，然后导出项目文件，如图 14-41 所示。

图 14-41　导出"影碟"影片的效果

第15章　综合案例

对于初学者而言，应用 Premiere 进行实际的案例制作还比较陌生。本章将通过制作旅游宣传片来讲解本书所学知识的具体应用，帮助初学者掌握 Premiere 在实际工作中的应用，并达到举一反三的效果，为今后的影视后期制作工作打下良好基础。

15.1　案例效果

本例将以旅游宣传片为例，介绍 Premiere 在影视后期制作中的具体应用，带领读者掌握使用 Premiere 进行影视编辑的具体操作流程和技巧，本例的最终效果如图 15-1 所示。

图 15-1　旅游宣传片

15.2　案例分析

在制作该宣传片前，首先要构思该宣传片所要展现的内容和希望达到的效果，然后收集需要的素材，再使用 Premiere 进行视频编辑。具体步骤如下：

(1) 创建视频项目和序列，设置视频大小和模式。

(2) 导入需要的素材，并添加到时间轴面板的轨道中，在素材间添加视频切换效果。

(3) 在素材之间添加视频过渡效果，使影片过渡效果更丰富。

(4) 在字幕设计器中创建需要的字幕对象，然后根据需要将这些字幕添加到时间轴面板的视频轨道中。

(5) 为了使影片效果更自然，需要对影片的开始和结尾部分制作淡入淡出效果。

(6) 对特别的素材添加视频效果，以及添加动画效果。

(7) 添加和编辑音乐背景，然后将项目文件输出为影片文件。

15.3　案例制作

根据对本综合案例的制作分析，可以将其分为 5 个主要部分进行操作：创建项目文件、添加素材、编辑影片素材、编辑音频素材和输出影片，具体操作如下。

15.3.1　创建项目文件

(1) 启动 Premiere Pro CC 2017 应用程序，在欢迎界面中单击"新建项目"按钮，或在 Premiere 工作窗口中选择"文件"|"新建"|"项目"命令，然后在打开的"新建项目"对话框中设置文件的名称，如图 15-2 所示。

(2) 在"新建项目"对话框中单击"浏览"按钮，在打开的"请选择新项目的目标路径"对话框中设置项目的保存路径并确定，如图 15-3 所示。

图 15-2　设置项目名称

图 15-3　设置项目路径

(3) 选择"编辑"|"首选项"|"常规"命令，打开"首选项"对话框，设置"静止图像默认持续时间"为 4 秒，如图 15-4 所示。

(4) 选择"文件"|"新建"|"序列"命令，打开"新建序列"对话框，选择"标准 32kHz"预设类型，如图 15-5 所示。

(5) 选择"设置"选项卡，在"编辑模式"下拉列表框中选择"DV 24p"视频编辑模式，如图 15-6 所示。

(6) 选择"轨道"选项卡，设置视频轨道数量为 4，然后进行确定，如图 15-7 所示。

图 15-4 设置图片默认持续时间

图 15-5 选择预设类型

图 15-6 选择编辑模式

图 15-7 设置轨道数

15.3.2 添加素材

(1) 选择"文件"|"导入"命令，打开"导入"对话框，选择本案例中需要的素材，如图 15-8 所示。然后将选择的素材导入到项目文件中，如图 15-9 所示。

图 15-8 选择素材

图 15-9 导入素材

(2) 在项目面板中单击"新建素材箱"按钮，创建 5 个新文件夹，然后分别对各个文件夹进行命名，如图 15-10 所示。

(3) 在项目面板中将风景和地名素材分别拖入对应的文件夹中，对项目中的素材进行分类管理，如图 15-11 所示。

图 15-10　新建文件夹

图 15-11　管理素材

15.3.3　编辑影片素材

1. 制作片头效果

(1) 将各个风景图片依次拖到时间轴面板的视频 1 轨道中，将第一张图片的入点设在第 0 秒的位置，如图 15-12 所示。

(2) 打开效果面板，展开"视频过渡"|"溶解"文件夹，然后选择"渐隐为白色"过渡效果，如图 15-13 所示。

图 15-12　添加素材

图 15-13　选择过渡效果

(3) 将"渐隐为白色"过渡效果拖动到时间轴面板的视频 1 轨道中第一个素材的出点处，如图 15-14 所示。

(4) 将"交叉缩放"、"叠加溶解"、"滑动"和"拆分"过渡效果依次添加到其他素材的出点处，如图 15-15 所示。

图 15-14　添加过渡效果

图 15-15　添加其他过渡效果

(5) 将遮罩图片和片头文字依次添加到时间轴面板的视频 2 轨道和视频 3 轨道中，入点在第 0 秒的位置，如图 15-16 所示。

(6) 选择时间轴面板中的片头文字，打开效果控件面板，在第 2 秒的位置为"不透明度"选项添加一个关键帧，保持不透明度为 100%，如图 15-17 所示。

图 15-16　添加素材

图 15-17　添加一个关键帧

(7) 在第 3 秒的位置为"不透明度"选项添加一个关键帧，设置该关键帧的不透明度为 0，如图 15-18 所示。

(8) 选择时间轴面板中的遮罩图片，打开效果控件面板，在第 0 秒的位置分别为"缩放"和"不透明度"选项各添加一个关键帧，如图 15-19 所示。

图 15-18　添加并设置关键帧

图 15-19　添加关键帧

(9) 在第 3 秒的位置分别为"缩放"和"不透明度"选项各添加一个关键帧，设置缩放值为 150、不透明度为 80%，如图 15-20 所示。

(10) 在第 4 秒的位置为"不透明度"选项添加一个关键帧，设置不透明度为 0，如图 15-21 所示。

图 15-20　设置关键帧

图 15-21　继续设置关键帧

（11）在节目监视器面板中单击"播放-停止切换"按钮 ▶，观看片头的影片效果，如图 15-22 所示。

图 15-22　片头效果

2．创建字幕

（1）选择"字幕"|"新建字幕"|"默认静态字幕"菜单命令，在打开的"新建字幕"对话框中输入字幕名称并确定，如图 15-23 所示。

（2）在字幕设计器中单击工具栏上的"文字工具"按钮，在绘图区单击鼠标并输入文字内容，如图 15-24 所示。

图 15-23　输入字幕名称

图 15-24　输入文字内容

（3）在字幕设计器中单击"显示背景视频"按钮 👁 显示背景视频内容，再将时间设置在第 5 秒的位置，然后适当调整文字的位置和字体大小，如图 15-25 所示。

（4）关闭字幕设计器，然后创建名为"杜甫草堂"的字幕，效果如图 15-26 所示。

图 15-25 设置文字大小和位置

图 15-26 创建字幕对象

(5) 创建名为"西岭雪山"的字幕，效果如图 15-27 所示。

(6) 创建名为"青城山"的字幕，效果如图 15-28 所示。

图 15-27 继续创建字幕对象

图 15-28 再次创建字幕对象

(7) 创建名为"都江堰"的字幕，效果如图 15-29 所示。

(8) 在项目面板中创建一个名为"描述"的素材箱，然后将创建好的字幕放入"描述"素材箱中，如图 15-30 所示。

图 15-29 继续创建字幕对象

图 15-30 管理字幕

3. 编辑影片文字

(1) 将各个文字素材依次添加到时间轴面板的视频 2 轨道和视频 3 轨道中，各个文字与视频 1 轨道中的图片相对应，如图 15-31 所示。

(2) 选择视频 2 轨道中的"武侯祠.tif"素材，然后打开效果控件面板，在第 4 秒的位置为"不透明度"选项添加一个关键帧，设置不透明度为 0，如图 15-32 所示。

图 15-31　添加文字素材

图 15-32　添加并设置关键帧

(3) 在第 5 秒的位置为 "不透明度" 选项添加一个关键帧，设置不透明度为 100%，如图 15-33 所示。

(4) 分别在第 6 秒和第 7 秒的位置为 "不透明度" 选项各添加一个关键帧，保持第 6 秒的关键帧参数不变，设置第 7 秒的关键帧的不透明度为 0，如图 15-34 所示。

图 15-33　添加并设置关键帧

图 15-34　继续添加并设置关键帧

(5) 在效果控件面板中框选设置的不透明度关键帧，然后单击鼠标右键，在弹出的菜单中选择 "复制" 命令，如图 15-35 所示。

(6) 在时间轴面板中选择视频 2 轨道中的 "杜甫草堂.tif" 素材，将时间指示器移到第 8 秒的位置，然后在效果控件面板中单击鼠标右键，在弹出的菜单中选择 "粘贴" 命令，如图 15-36 所示。复制并粘贴得到的关键帧效果如图 15-37 所示。

图 15-35　选择 "复制" 命令

图 15-36　选择 "粘贴" 命令

(7) 在第 12 秒、第 16 秒、第 20 秒的位置分别为 "西岭雪山.tif"、"青城山.tif" 和 "都江堰.tif" 素材粘贴不透明度关键帧，效果如图 15-38 所示。

图 15-37　复制并粘贴关键帧

图 15-38　复制并粘贴其他关键帧

(8) 选择视频 3 轨道中的"武侯祠"字幕素材，然后打开效果控件面板，在第 5 秒的位置为"不透明度"选项添加一个关键帧，设置不透明度为 0，如图 15-39 所示。

(9) 在第 5 秒 12 帧的位置为"不透明度"选项添加一个关键帧，设置不透明度为 100%，如图 15-40 所示。

图 15-39　添加并设置关键帧

图 15-40　继续添加并设置关键帧

(10) 分别在第 6 秒 12 帧和第 7 秒的位置为"不透明度"选项各添加一个关键帧，保持第 6 秒 12 帧的关键帧参数不变，设置第 7 秒关键帧的不透明度为 0，如图 15-41 所示。

(11) 在效果控件面板中复制设置的不透明度关键帧，然后在第 9 秒、第 13 秒、第 17 秒、第 21 秒的位置分别为"武侯祠"、"西岭雪山"、"青城山"和"都江堰"字幕素材粘贴不透明度关键帧，效果如图 15-42 所示。

图 15-41　再次添加并设置关键帧

图 15-42　复制并粘贴关键帧

(12) 在节目监视器面板中单击"播放-停止切换"按钮，预览编辑好的影片效果，如图 15-43 所示。

图 15-43　预览影片效果

4. 制作片尾效果

(1) 将时间指示器移动到第 24 秒的位置，然后在视频 1 轨道和视频 2 轨道中分别添加片尾图片和片尾文字，如图 15-44 所示。

(2) 参照图 15-45 所示的效果，将"交叉溶解"和"渐隐为黑色"视频过渡效果添加到相应素材的入点和出点处。

图 15-44　添加素材　　　　　　　　　图 15-45　添加过渡效果

(3) 将时间指示器移动到第 23 秒 12 帧的位置，然后在视频 4 轨道中添加云雾图片，如图 15-46 所示。

(4) 将"亮度键"视频效果添加到视频轨道 4 中的云雾素材上。

(5) 选择云雾图片，打开效果控件面板，在第 23 秒 12 帧的位置分别为"缩放"和"不透明度"选项各添加一个关键帧，设置不透明度为 50%，如图 15-47 所示。

图 15-46　继续添加素材　　　　　　　　　图 15-47　设置关键帧

(6) 将时轴指示器移到第 24 秒的位置，为"不透明度"选项各添加一个关键帧，设置不透明度为 100%，如图 15-48 所示。

(7) 将时轴指示器移到第 26 秒的位置，分别为"缩放"和"不透明度"选项各添加一个关键帧，设置缩放为 200，设置不透明度为 0，如图 15-49 所示。

图 15-48　设置关键帧

图 15-49　继续设置关键帧

(8) 在节目监视器面板中单击"播放-停止切换"按钮，预览片尾的播放效果，如图 15-50 所示。

图 15-50　片尾效果

15.3.4　编辑音频素材

(1) 将项目面板中的"背景音乐.mp3"素材添加到时间轴面板的音频 1 轨道中，将其入点放置在第 0 秒的位置，如图 15-51 所示。

(2) 将时间线移动到第 27 秒 23 帧的位置，单击工具箱中的"剃刀工具"按钮，然后在此时间位置单击鼠标，将音频素材切割开。

(3) 单击工具箱中的"选择工具"按钮，然后选择音频素材后面的部分，按 Delete 将其清除，如图 15-52 所示。

图 15-51　添加音频素材

图 15-52　删除多余音频素材

(4) 在"效果"面板中展开"音频过渡"文件夹，选择"交叉淡化"|"指数淡化"过渡效果，如图 15-53 所示。

(5) 将"指数淡化"音频过渡效果拖动到时间轴面板中音频 1 轨道上的素材出点处，如图 15-54 所示。

图 15-53　选择音频过渡效果

图 15-54　添加音频过渡效果

15.3.5　输出影片文件

(1) 选择"文件"|"导出"|"媒体"命令，打开"导出设置"对话框，在"格式"下拉列表框中选择一种影片格式(如 MPEG4)，如图 15-55 所示。

(2) 在"输出名称"选项中单击输出的名称，如图 15-56 所示。

图 15-55　选择影片格式

图 15-56　单击输出的名称

(3) 在打开的"另存为"对话框中设置存储文件的名称和路径，然后单击"保存"按钮，如图 15-57 所示。

(4) 返回"导出设置"对话框，在"音频"选项卡中设置音频的参数，如图 15-58 所示。然后单击"导出"按钮，将项目文件导出为影片文件。

图 15-57　设置文件路径和名称

图 15-58　设置音频参数

(5) 将项目文件导出为影片文件后，可以在相应的位置找到导出的文件，并且可以使用媒体播放器对该文件进行播放，如图 15-59 所示。

图 15-59　播放影片

15.4　本章小结

本章介绍了 Premiere 在影视编辑案例中的具体运用。通过本章的学习，读者应该掌握影视编辑过程中的常见流程和方法。在影视编辑过程中，先将需要的素材对象导入到项目面板中，并对相同类型的素材进行归类管理，以便在影片编辑过程中可以快速找到需要的素材。然后将素材添加到时间轴面板中进行视频编辑，在编辑过程中，通常需要对素材的持续时间、不透明度进行编辑，以达到需要的效果。最后将编辑好的项目对象导出为影片文件。